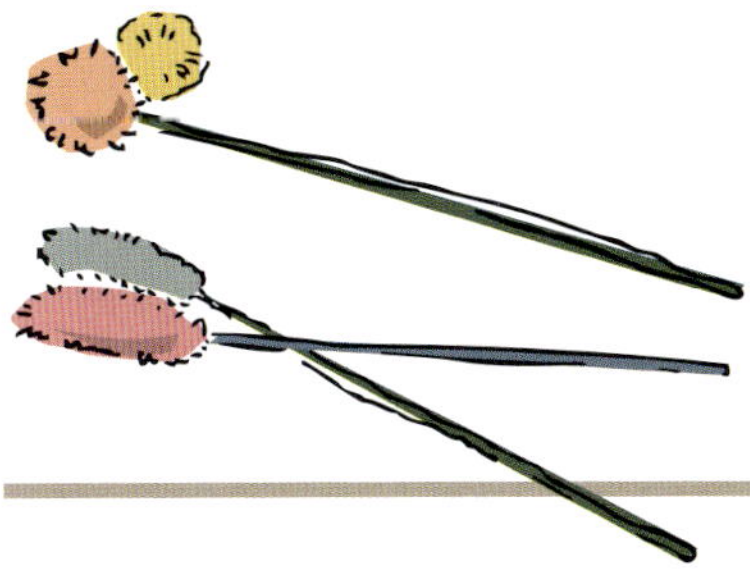

CONTENTS

第5章　最期を看取る

第1章

猫の寿命と高齢期

ここ最近、猫の寿命は飛躍的に伸び、
20歳を迎える猫の話もあちこちで見聞きするようになってきました。
では、猫の寿命とはどのくらいが本当のところなのでしょうか。
猫の生涯について、どのような傾向があるのか、猫の老後とはどういうことなのか、
猫の一生を考えてみます。

01

最近の猫は長生きになってきた

数十年前まで、猫の寿命は5～6年くらいでした。外と家の中を自由に行き来し、あるとき帰ってこなくなって、どこかで死んだのだろうと考えるのが、日本人の猫の飼い方でした。しかし、ここ近年、猫は長生きになってきています。

現代は10歳以上も普通。20歳を迎える猫もいる

〈猫の寿命が伸びた理由〉

- 室内飼いの徹底
- ワクチンの普及（猫にワクチンをうつという認識が広まってきたのは近年のこと）
- ペットを飼うという意識の高まり
- キャットフードの改良…など

このように、さまざまな要素が重なり、猫の寿命は飛躍的に伸びてきました。今や10歳以上でも元気な猫は普通。20歳を迎えても元気に暮らし、ご長寿猫として話題に上る猫も少なくないようになっています。

7歳頃から壮年期に。猫にも老いが訪れる

家族にとって愛猫は、歳をとろうが、可愛く感じる気持ちは変わりません。

しかし、猫の現在の年齢を考えてみると、人に換算すればもう壮年期だったり、初老だったり。見た目は変わらないように思えますが、いつしか猫にも老いが忍び寄っています。

キャットフードなどの区分では、離乳から1歳くらいまでが子猫期。

以降、6歳までが成年期、7歳以降は壮年期と分けられており、与えるキャットフードの成分・配合も年齢に合わせるように配慮されています。私たち人間も中年期になると、食事の内容に注意が必要なのと同じです。

壮年期の次は高齢期が待っている

猫が7歳くらいまでは、それまでとあまり変わらず元気に走り回ったり、オモチャでじゃれたりしています。もちろん個体差はありますが、概ね元気であまり心配することはありません。

しかし、11歳以上の高齢期を迎える頃になると、身体の衰えが目立つようになるなど、少しずつ変化が見られるようになってきます。

そして、治ることのない病気になったり、慢性疾患に悩まされたりし、いつかはお別れのときが訪れます。もし今、愛猫が10歳を迎える頃なら、できるだけ健康に留意し、最期まで元気に過ごせるよう健康管理をしたいものです。

これまで、猫は死期を悟ると姿を隠すと言われてきました。しかし、室内飼いが当たり前になった現在では、猫の看取りは必ずやって来ます。猫の最期について今のうちにきちんと考えておきましょう。

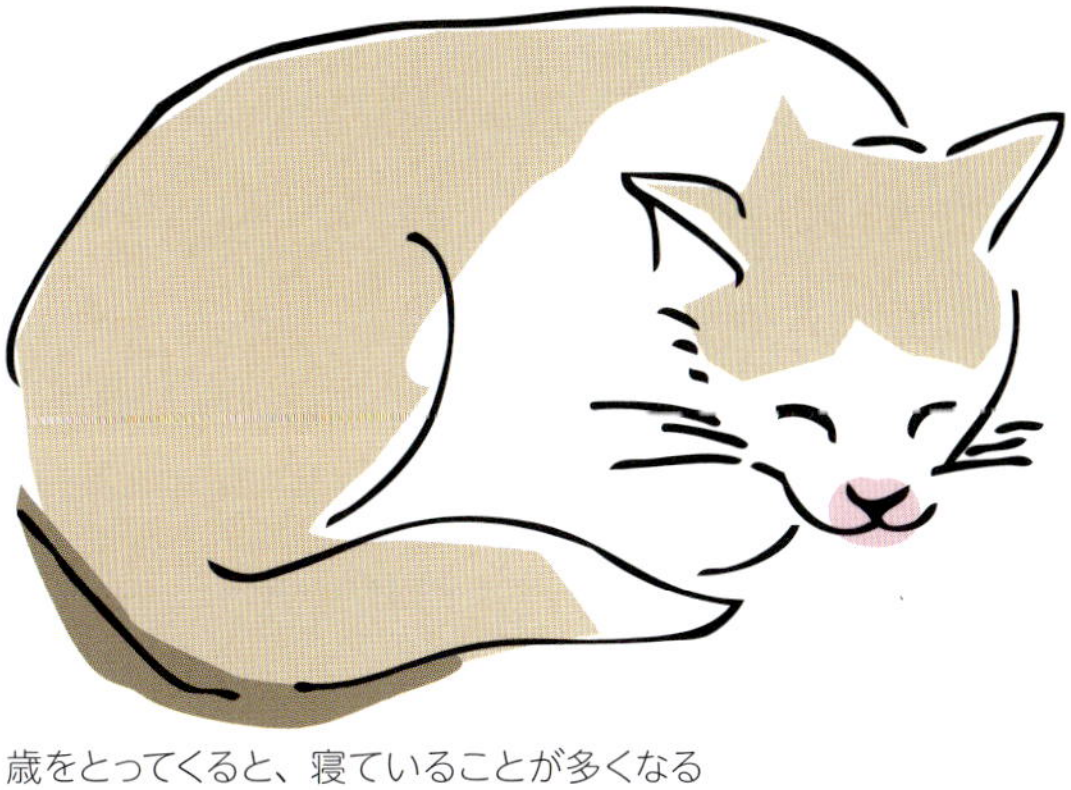

歳をとってくると、寝ていることが多くなる

- ■猫の寿命が伸びて、10歳以上生きるのはもはや普通になっています。
- ■高齢期になったら、いずれ看取りの時期を迎えることを考えておきましょう。

02

猫の平均寿命はぐんと伸びています

猫の平均寿命は、だいたいどのくらいなのでしょうか。個体差はもちろんのこと、どんな環境で暮らしているか、また室内だけで過ごしているのか、外との出入りが自由なのかなどでも大きく違ってきます。

猫の寿命も伸びており、人間で考えると80歳時代

日本ペットフード協会が２０１５年に発表した日本の猫の平均寿命は、15・75歳（過去10年間に飼育された猫。野良猫、ブリーダーおよびペットショップで亡くなった猫は含まれず）。15歳と言えば、人間でも赤ちゃんから高校生になる時間の長さです。これを長いと見るか、短いと見るかは人それぞれでしょうが、15年も一緒にいると本当に家族の一員という意識になる方も多いでしょう。ちなみに、平均寿命の雌雄差では、オス14・3歳に対して、メスは15・2歳（ペット保険アニコム２０１３年データ）で、人だけでなくほ乳類は概してメスの方が寿命は長い傾向があります。

ギネスに認定されているのはなんと38歳の長生き猫

猫の寿命には本当に個体差があります。実際、ギネスに登録された世界一の長寿猫「Cream Puff」はなんと38歳の長生き。日本の最長寿猫は「よも子」36歳と言われています。人間の寿命が延びた要因には次のことが考えられますが

①栄養状態の改善
②乳幼児の死亡減少
③感染症の撲滅

現在は、猫もその段階に来ていると思われます。今では猫の死因もガン、慢性腎臓病、老衰など加齢によるものが増えています。今後、医療が、ガンを克服したとき、猫の寿命もそれに伴って伸びるのかもしれません。

■猫の平均寿命は約15歳。人間に換算するとおよそ80歳です。
■世界の長寿猫は38歳のギネス認定猫。

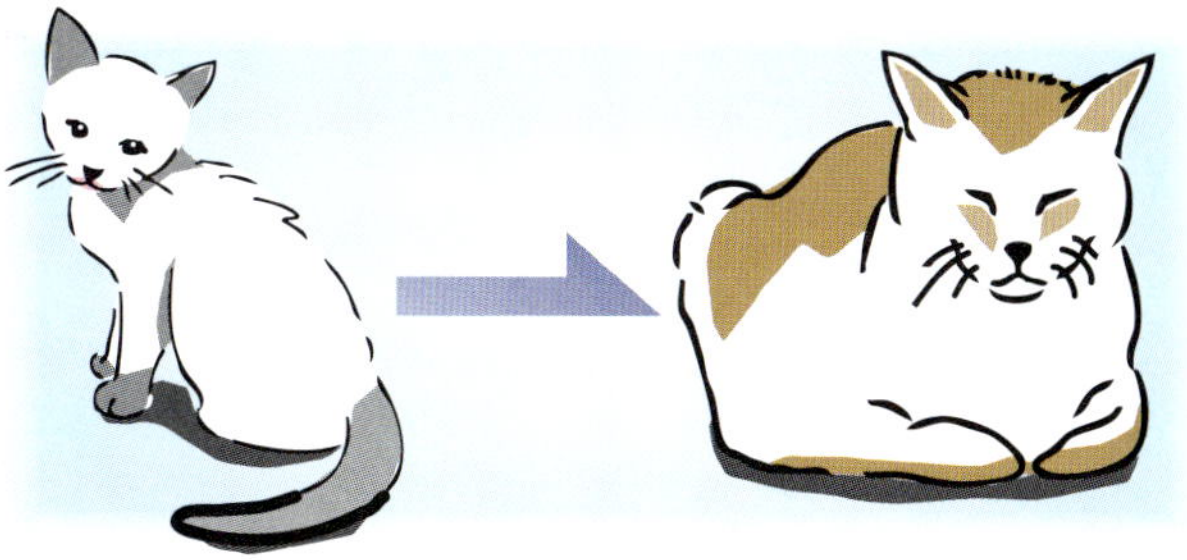

小さな子猫は成長し、大人になって、やがて老年期を迎える

＜猫と人間の標準年齢換算＞

猫		人間	猫		人間	猫		人間
1カ月	→	1歳	4年	→	32歳	13年	→	68歳
2カ月	→	3歳	5年	→	36歳	14年	→	72歳
3カ月	→	5歳	6年	→	40歳	15年	→	76歳
6カ月	→	9歳	7年	→	44歳	16年	→	80歳
9カ月	→	13歳	8年	→	48歳	17年	→	84歳
1年	→	17歳	9年	→	52歳	18年	→	88歳
1年半	→	20歳	10年	→	56歳	19年	→	92歳
2年	→	23歳	11年	→	60歳	20年	→	96歳
3年	→	28歳	12年	→	64歳			

・種類や飼育環境などで個体差あり　・換算年齢はあくまで目安
参考資料：「小動物の臨床栄養学Ⅲ」（Lewis　Morris　Hand 著）

03

改めて猫は人より先に亡くなることを考えて

猫は、人間の数倍の速さで歳をとります。子猫はやがて成猫になります。そして、いつの間にか静かに寝ている時間が多くなってきます。このように、当然ですが猫は人より早く歳をとって老化し、人よりも先に死を迎えます。

猫の最期まで責任を持つことが大切

「猫は死ぬからイヤだ」「死ぬと悲しいからもう飼いたくない」という言葉をよく耳にしますが、ペットと暮らすことは、イコール、その猫の最期の日まで一緒に暮らし、一生を見届けることと言えます。この事実を冷静に見据え、いつか看取ることを、避けるのではなく、幼いころからの可愛い姿を心にたくさん焼き付けて、悲しいと感じつつもしっかり見送るというのが、猫を迎えた家族には大切なことでしょう。

最期まで幸せな日々を過ごせるようにする

可愛がっていた猫を亡くすことは、本当に悲しいことです。人間の

ともに過ごす時間を大切な思い出にする

普段からリラックスして過ごせるように配慮したい

家族を亡くしたときと同じくらい、辛いと感じる人もいるでしょう。だからといって、それを避け、最期まで納得せず、悔いの残る見送り方をすると、それは心の傷になったり、自分を責める材料になってしまうこともあります。家族である猫が快適に暮らして亡くなるのであれば、それは幸せなこと。愛する猫に幸せな一生を全うさせてあげられるのは、家族である飼い主にしかできないことです。

猫の老化に必要なケア、環境を与える

猫が若い頃と変わらない快適な環境をつくれるのは、ずっと家族として暮らしてきた飼い主だけができること。そのためにも、猫の老化の兆候を見逃さず、必要なときに必要なケアや環境を整えることが大切です。そうして猫の一生を見届けることができれば、それは飼い主にとっても幸せなことでしょう。

■家族は猫が最期まで幸せに暮らせるように配慮しましょう。
■そのときどきで必要なケアを行い、環境を整えることが大事。

04

猫の老化の兆候を知りましょう

老化は猫にも静かに忍び寄ってきます。そのときは何とも思わなかったことが、後で「あのときがそうだったのか」と思うことも。そのためにも、予めどんな風に変化があるのかを知っておくことも大事です。

14歳くらいまでは、だんだんと行動にも変化

10歳以上では、やはりだんだん落ち着いた感じが出てきます。14歳くらいまでは、あまり目立たないのですが若い頃と比べると、次のような変化が見られるようになってきます。

- 毛のツヤが悪くなり、肉球が乾く
- 丹念な毛づくろいをしなくなる
- 爪とぎの回数が減ってくる傾向も
- 動きも穏やかになり、以前は1回のジャンプで上がっていたところも、じっくり観察してから飛び乗ろうとする

個体差があるので、すべての猫がこうなるわけではありませんが、気がつくと、行動面でも変化が見られるようになってきます。このくらいの年齢になったら、そろそろ高齢と

念入りに毛づくろいすることが減ってくる

いうステージになったことを意識しましょう。何か病気が潜んでいる場合もあるので、あまり変化が大きいようなら獣医師に相談を。

15歳以降は、加齢の兆候がはっきり現れる

15歳は人間で言うと70歳過ぎ。一見変わらないように思えても、じわじわと歳をとったと感じることが多くなってきます。例えば、次のような状態です。

・毛並みは毛割れが目立つようになる
・長毛種なら毛の量が減り、フサフサだったのが少し控えめな様子に
・黒っぽい毛の場合は白髪が出たり、黒いヒゲに白毛が混じる。黒いところに細かな白髪が目立つ
・聴力、視力も衰え気味になり、呼んでも聞こえていないように思える

このほか、食欲が少しずつ落ちてきて、以前ほど食べなくなる場合も。

ただし、食欲が落ちてきた場合は何か病気が潜んでいる可能性もあるので、注意が必要です。食べなくなったときに、他のフードに変えると食べるのなら問題ありませんが、もし何を与えても食べないときは獣医師に相談しましょう。

聴力が衰えて不安になるのか、甘えたがる場合も

ヒゲが白くなってくる

■10歳から14歳くらいの間に外見や行動も少しずつ老化してきます。
■15歳を過ぎると、歳をとったと実感することが増えてきます。

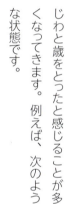

05

老いの始まりに気づくのが第一歩

猫は一人で過ごしているように思えて、実は家族にいろいろな要求をしています。それは遊んでほしいだったり、ごはんちょうだいだったり。そんなおねだりも嬉しいですが、老いの始まりはそんなことの変化から訪れます。

猫の日常の様子から老いに気づこう

猫が歳を重ねていくと、やがて寝ていることが多くなり、あまり家の中を走り回ったり、イタズラしたり、遊んでほしいと要求しなくなる。つまり、手がかからないようになってきます。それに気づいたときが、猫の老化を実感するときになります。

ずっと寝ていても、声をかけたり、撫でたりする

「そういえば、最近はあんなに好きだったオモチャにもあまり反応しなくなった」「ごはんを鳴いて要求していたのに、最近は用意していても、なかなか来ない」など、いつの間にか少しずつ違っているのに気づくときが訪れます。そういう気づきがあったときが、猫の老いを実感するポイントになります。

何も言わなくても猫の気持ちを察する

要求をあまりしなくなったからと言って、愛猫が何も望んでいないわけではありません。以前ほど主張しなくなっただけです。だからこそ、猫の気持ちを察してあげることが大切です。それは長い時間一緒に暮らしてきた家族だからこそできること。今まで積み重ねてきた関係があるから、愛猫の性格もよく理解できていますし、何を望んでいるかを察することもできるのです。

要求がなかったとしても積極的に気にかける

寝ている時間が長くなったからと言って、日常の忙しさに紛れて放ったらかしにするのではなく、子猫のときから続けてきたスキンシップを、猫の様子を見ながら、行っていきましょう。そうすることによって、年老いた愛猫とのつきあい方もまた違ったものが見えてきます。

寝てばかりいるとはいえ、愛猫との長い時間の中でできた習慣のうちで、ずっと変わらないものもあるでしょう。それはその子との間でつくりあげた歴史です。そんな記憶を大切にしながら、落ち着いた時間を過ごしたいものです。

- ■猫があまり何も要求しなくなったときが、老いを意識するときかもしれません。
- ■猫の気持ちを察して、気にかけながらスキンシップをしましょう。

06

最後まで快適に保つのが猫への愛情

猫が歳をとって、身体が動かなくなったとしても、ずっと変わらず快適に気持ち良く暮らしてほしい。最後まで猫のＱＯＬ（クオリティ・オブ・ライフ＝生活の質）を保ちたい。それが家族としての願いでしょう。では、どうやって保てば良いのでしょう。

猫も人も同じ思いを維持する方法を考える

愛猫とも10年以上暮らしていれば、その長い時間に培った猫との関係や思いがあるはずです。それを保つことが、猫のＱＯＬを保つことになると考えましょう。

人である飼い主が猫に対して思う気持ち、猫が家族に対して思っているだろう気持ちを持続させる方法を考えましょう。しかし、その方法は、昔とは同じではありません。ですからお互いが同じ気持ちでいられる方法を、新しく考えれば良いのです。

今までの関係を基本に

これまで愛猫とどんな関係を築いてきましたか。子どものように可愛がってきた、あるいは相棒のように気心が知れたつきあいだった、お互いを尊重して、愛猫に対してもある意味で独立した存在として対応してきたなど、猫が10頭いれば10通りの関係があります。猫と暮らしている友人と、自分の猫との話をすると、「へぇ、そんな風に対応してるんだ」「うちはそんな感じじゃない」と思うことがあるでしょう。多くの人は一般的に「猫とはこんなもの」という概念を持っているでしょうが、実は顔がみんな違うように、それぞれ独自の絆ができているものなのです。そういう愛猫と家族だけにしかない関係を基本に考えましょう。

独自の関係をベースに、今の愛猫に合った対応をする

「にゃ〜」と鳴くことで、あるいは何も言わずにこちらの顔を見つめることで、猫は何かを要求したりします。それは「ごはんがほしい」だったり、「撫でて」だったり、「ドアを開けて」だったり。それは、これまで猫との時間の中で築き上げてきた関係です。この関係をベースにして、例えば動きのあまりなくなってきた愛猫の気持ちを考えていきましょう。それが愛猫のＱＯＬを最後まで保つことになります。

■猫との絆を大事に、猫の気持ちを考えた対応をしましょう。

■猫と人、同じ気持ちを維持できるように考えましょう。

今までの時間が創りあげた関係を大事に

高齢猫リポート
元気な猫編

いこりくん
14歳（オス）

保護猫ボランティアのお家で、他の猫に優しく面倒見の良いボス

「いこり」という名前はかなり珍しいのですが、その由来は「当時、幼稚園児だった娘が書きやすい文字を上から並べて命名しました。『いりこ』からではありません（笑）」と高出さん。

いこりくんが、動物保護ボランティアをしている高出さんのお家に来たのは、2002年日韓共催ワールドカップ決勝の日のこと。当時飼っていた犬の散歩に裏手にある森に行った際、犬が土の上に転がるもぐらのような生き物を発見。それがいこりくんでした。すぐ動物病院で診てもらったところ推定生後2～3日。すぐに哺乳がスタートしました。

生後数日で保護したにもかかわらず、いこりくんはスクスク成長。しかし、初めての猫で一人っ子だったため、対応の仕方が分からず、ご主人やお客さまを噛んだりする、やんちゃ猫に。娘さんのお友達を怖がらせたりもしました。しかし2歳の時、妹猫ぴっぴを保護して以来、父性に目覚めたのか、かいがいしくお世話をし、猫たちの優しいボスに。いまや保護活動に欠かせない存在になっているそうです。

14歳を過ぎても健康状態は良好。鼻風邪を引いて、なかなか

治らないこともありましたが、今は元気になり、食欲も旺盛です。ただ、10歳で歯肉炎を患い、11歳のときに犬歯以外をすべて抜歯。それから数年を経た現在、歯肉炎が再発したようですが、とりあえずはフードを食べられているので様子見だそうです。

これからも穏やかに暮らして、お家で天寿を全うしてほしいと高出さんは望んでいます。

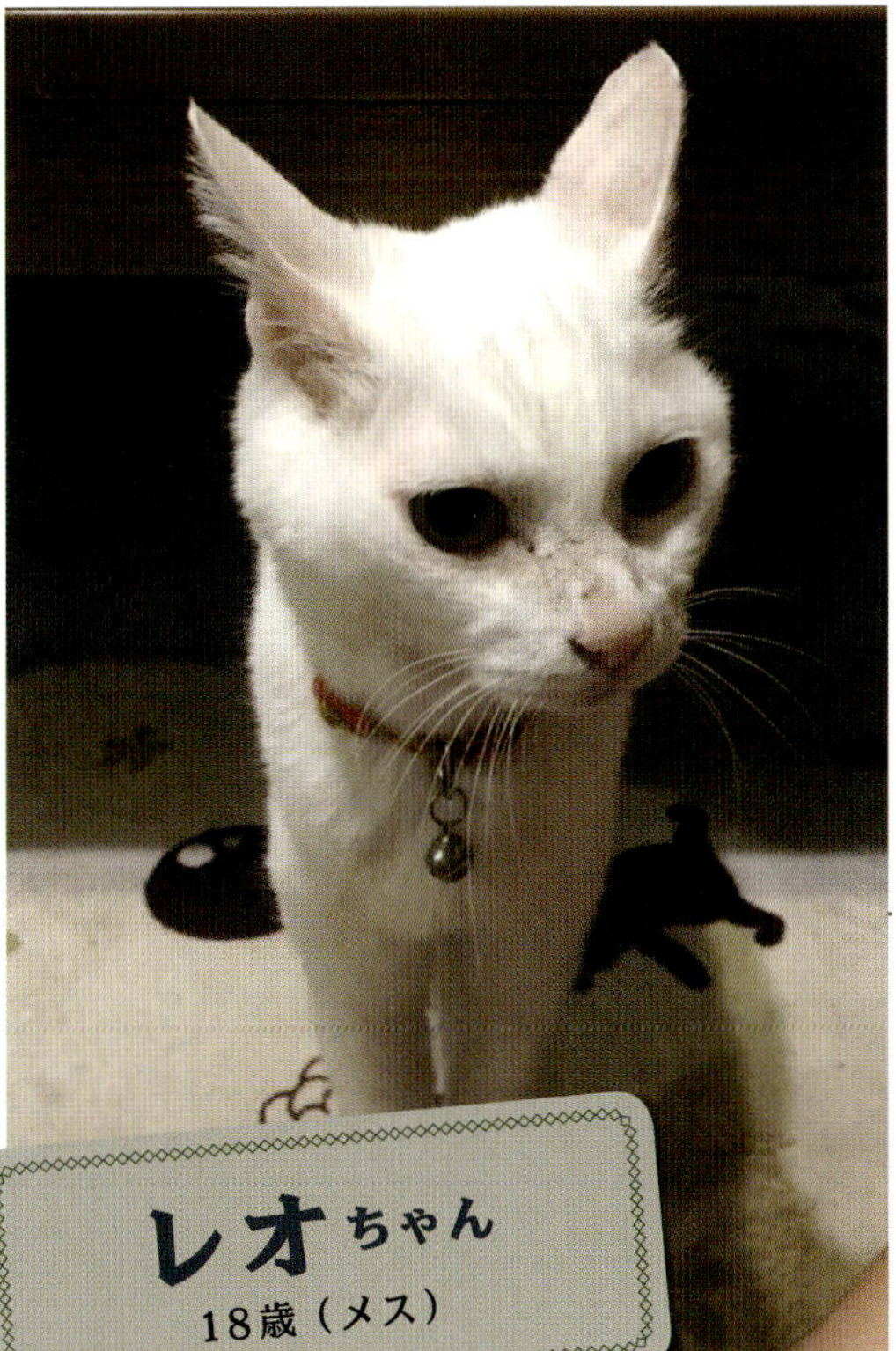

レオちゃん
18歳（メス）

ずっと病気知らず。年齢知らずで、元気いっぱい

鈴木さんのお家は、おばあちゃん、ご両親、そして娘のはるかさんと二人のお子さんという4世代ファミリー。こちらの

ご家族みんなに愛されているのがレオちゃんです。

お家に来て18年経った現在も健康状態はとても良く、しかも過去に大きな病気はない健康優良猫。とても人懐こく、誰にも人見知りせずに近づいていくと思えば、周囲がどんなにうるさくても平気で寝ているユニークな性格。高齢ですが、いまだにじゃれるのも大好き。さらによく室内を駆け回り、棚の上などにも平気で飛び乗って遊んでいる元気さだそうです。

若いときと変わらないように思えるレオちゃんですが、そんな中で変わってきたことがあります。それは、いろいろと要求が多くなったこと。撫でてほしい、構ってほしいなど、家族に向かってアピールが多いそう。

健康なので、特に身体面で気を配っていることはありませんが、特に気をつけているのは毎日の食事。高齢ということを考えて、現在の年齢に合ったドライフード、缶詰などをバランス良くあげているそうです。

18年前の夏、今にも台風が来そうな日に犬の散歩に出かけたとき、出会った2頭の猫。それがレオちゃんとその兄弟で、すぐに保護したものの、1頭は残念ながら既に死んでいて、残ったのが元気なレオちゃんだったそうです。

それから18年の月日を経ちましたが、これからも家族の一員として、いつまでも元気でいてほしいと願っている鈴木さんです。

第2章

高齢猫の日常のケア

毎日一緒に暮らしているとなかなか気づきませんが、
歳を重ねた猫は、若いときとどのように違ってきているのでしょうか。
壮年期を過ぎ、高齢にさしかかった猫の状況と普段のつきあい方、
日常のお世話の方法など、
知っておくと家族も猫も満足度が高い暮らしができます。

07

年齢に合ったフードを選びましょう

猫が歳をとってきても、今までと同じフードで良いのでしょうか。現在は、いろいろなフードが市販されていて、選択肢もいろいろ。愛猫に合ったもの、好んで食べるものを選んであげましょう。健康管理のためにも大切です。

フードはライフステージに合ったものを選ぶ

現在、ペットショップ等で販売されている総合栄養食のフード（ドライフード）は、幼猫用、成猫用、7歳以上用、そして10歳以上、14歳以上などライフステージ別になっています。7歳以上は中・高齢期猫用とされていますので、できるだけ実際の年齢と合ったものを選びましょう。

缶詰などのウエットフードにも中・高齢期用のものがあるので、与えるならそういうものを選びます。ただ、ウエットフードは一般食のものも多く、これだけではバランスの良い食事にするのが難しいので、できるだけ総合栄養食のものをメインにしましょう。

中・高齢期用は年齢に合った適切な栄養バランス

人も猫も年齢を重ねるにつれて、運動量も落ち、必要とするエネルギー量が減ってきます。また、消化吸収能力、代謝機能も衰えてくるので、補うべき栄養素も増えてきます。中・高齢期用のフードは、そういった壮年期以降の猫のライフステージに合った、適切な栄養バランスを考えてつくられています。具体的には次のようにコントロールされています。

・**エネルギー量の減量**
・**消化吸収の良いタンパク質量の調整**
・**ビタミンE、ビタミンCなど抗酸化成分の添加**
・**腎臓病の悪化要因となるリンの抑制など**

これ以外にも、メーカーによってそれぞれのライフステージに合わせた栄養素などを配合し、独自のフードをつくっています。

いつでも切り替え可能。ゆっくりと変える

中・高齢期用のフードは、できるだけ加齢の影響を少なくし、元気に過ごせるようにする目的でつくられたもの。中・高齢期用フードを食べる時期が遅くなっても問題はありません。

中・高齢期用フードへの切り替えが遅れているからといっても焦らず、ゆっくり気長に進めましょう。最初は食べ慣れたフードに混ぜながら少しずつ新しいフードの量を多くしていくなど、愛猫の性格や好みに合わせて無理なく切り替えていきます。

年齢に合った食事が元気に暮らすポイント

■年齢に合ったフードを与えることで健康管理しましょう。
■フードの切り替えが遅くなっても、焦らず気長にゆっくりと。

08

身体の衰えに合わせて食事時にも工夫を

歳を重ねると、今までできていたことができなくなったりします。それは猫も同じ。食事が食べにくくなったり、食べる量が減ったりします。そういうことが起きると予め知り、対応していくのが愛猫への愛情です。

食べやすい器を選ぶ

猫はそもそも咀嚼せず丸呑みして食べる動物。もちろん犬歯も奥歯もありますが、人間の歯のようにものを噛み砕く食べ方ではありません。人間のように口の中に入れてモグモグと食べる食べ方でないだけに、食器から食べるのも上手とは言えません。そこで猫が食べるときの様子を観察して、次のように食べやすくできる工夫をしましょう。

・食器の形を変える

食器は底の部分が広いとフードが張り付きやすくなるので、なるべく小さめの少し縁の高いものを選びます。

・適度な台を用意する

足腰が弱ってきた猫は、身体を屈めなくて良いように、適度な高さの台

食器はこのような適当な高さの台に乗せると良いでしょう

の上に食器を置くのも良いでしょう。

・フードは中央に盛り付ける

フードを食器に入れるときは、できるだけ中央にこんもりと盛っておき、少し食べて減ってきたら、再度、こんもりと盛り直すと、さらに食べやすくなります。また残りが少なくなったら、もう一度真ん中に盛り直すなど、できるだけ食べ切れるように、猫の食べ方を見ながら工夫します。多少の手間はかかりますが、これも日々の猫とのコミュニケーション、観察タイムと思って気長につき合いましょう。

食べやすいような食器を選ぶと食も進みます

食が進まないときは、「匂い」と温度に工夫

猫はどんなものでも最初に「匂い」を嗅ぎます。逆に言うと、「匂い」のしないものは食べようとしません。歳をとるとともに嗅覚も衰えがちですので、愛猫があまり食べないときは、この「匂い」が立つような工夫も必要です。

・ドライフードは、小分けパックになっているものを選ぶ

・少しずつ密閉容器に入れて保存する

開封して時間が経つと、どんどん「匂い」が飛んでしまうからです。食べ残しはなるべく早めに処分してください。

・ウエットフードは、与える前に電子レンジで温めるか、容器のまま少し熱めのお湯につけておく

特に冬場はその方が「匂い」が立ちますし、冷たいままより少し温かい方が胃への負担も少なくなります。温度は猫の体温と同じくらいの38℃前後が目安です。

■食器の形や盛り付けに工夫して、食べやすくします。

■フードは匂いが立つように。猫の体温程度の38℃くらいに温めます。

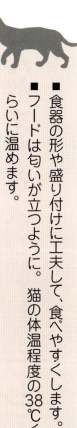

09

水はたくさん飲ませるように気配りして

猫の先祖は砂漠に暮らしていたので、あまり水分を摂取しなくても大丈夫なように進化しました。そのせいかあまり水を飲まず、壮年期以降は慢性腎臓病を発症しがち。これを予防するためには、できるだけ水を飲ませる方が良いと考えられています。

猫にできるだけ水を飲ませるよう工夫する

猫にも水は大事ですが、無理矢理飲ませるわけにもいきません。そこで猫が飲みたくなる美味しい水を用意し、いつでも水を飲める環境づくりが大切。いつも新鮮で美味しい水を用意しても、なかなか飲まないときは、次のような工夫をしてみましょう。

- スープの多いウエットフードにする
- ウエットフードにお湯を加える
- ドライフードをお湯でふやかして

水の摂取量を増やす

ただし、フードを水増しした状態になっているので、一日の食事の必要量をちゃんと摂れているかには注意しましょう。

家の中のいろいろなところに水の器を置く

水はいつもフードを食べさせるところに置いておくだけでなく、よく寝ている場所の近くや2階・3階建ての住宅なら、各階に置くなど。猫が行くところには水を置いて、いつでも飲みたいときに水が飲める状態を保つことも大切です。数カ所に水を置く場合は、水入れにもいろいろ工夫してみるのも方法。容器の材質は、陶器＞ガラス＞プラスチック＞ステンレスの順に猫が好むというデータもあるので、様子を見ながら使ってみると良いでしょう。

猫は生ぬるい水が好き

猫は、どちらかというと生ぬるい水が好みです。

特に冬場は水温が低いので、少しお湯を足して生ぬるい水にしてから与えます。

また匂いに敏感ですから、水入れを洗剤で洗ったときは、よくすすいで、洗剤の匂いが残らないようにしましょう。

■水は猫にとっても大切です。与え方には気をつけましょう。

■飲みやすいよう器や置き場所にも配慮します。

家の中のあちこちに水があると猫が飲みやすい

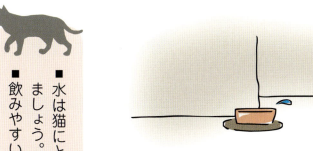

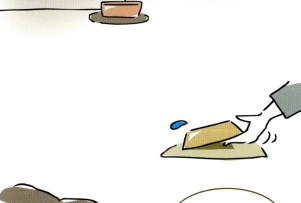

10

失敗が見られたら トイレにもひと工夫

歳をとって足腰が弱ってくると、今までのトイレでは使えない場合も出てきます。また上手に使えなくて、トイレ以外の場所で用を足してしまうこともあります。そんな兆候が見えてきたらトイレ回りにも工夫が必要です。

猫の様子から、上手に使えない理由を見つける

トイレ以外の場所でウンチ、オシッコをしてしまった場合も決して叱らず、まずトイレを使わなかった理由を確かめましょう。

足腰が弱ってトイレ容器の縁がまたぎにくくなっているのなら、トイレ容器を浅いものに変える、あるいはトイレの入口に踏み台になるようなものを置くなどの工夫が必要です。また神経質になり、トイレが少し汚れただけで他の場所で用を足してしまうこともあります。そういう原因を見つけ出し、解決できるなら早めに対策を取りましょう。

ペットシーツをうまく利用する

トイレに入るけれど、上手く中でできずに外に漏れてしまうようなときは、トイレ自体のサイズが小さいのかもしれません。トイレを大きくするか、トイレの周辺にペットシーツの活用を。ペットシーツはスタンダードから大判まで、さまざまなサ

オムツは犬用のＳサイズなどがぴったり

イズがあるので、適当なものをいくつか組み合わせるか、実状に合うように適当なサイズに切るなどして、無駄のないように使いましょう。システムトイレ用のシートもプライベートブランドなどの安価なものが市販されています。使い勝手が良く、吸収のスムーズなものを選んで、状況に合ったものを使いましょう。

失禁するようなら オムツを使う

　また、トイレが上手に使えなくなったり、膀胱炎になると、人の布団の上でオシッコをする猫もいます。まずは、病気が隠れていないか確認しましょう。

　失禁するようになったら、オムツも考えてみましょう。今は動物用のオムツやオムツカバーが市販されています。オムツを使う場合は、様子を見ながら取り替えてください。

- ■トイレが上手に使えないようなら、原因を見つけて対処しましょう。
- ■ペットシーツ、オムツなど、工夫して活用します。

11

暑さ・寒さを和らげるよう ちょっとした対策を

猫も人と同様に歳をとるにつれて、暑さ、寒さに身体が上手に対応できにくくなります。家で熱中症になったり、風邪をひいたりしないように、室内の温度や湿度にも気を配り、猫のベッドや寝ている場所にも配慮しましょう。

夏の暑さ対策は湿度にも注意

室温に配慮することは大切ですが、湿度が高いのも問題。できれば温度・湿度計を猫の寝ているところに置いて、チェックするようにします。目安は温度28℃以下、湿度は60%以下。周囲が開けていて窓を開ければ風が通るような部屋なら良いのですが、そんな環境でないときはエアコンを使います。エアコンの風の嫌いな猫もいるので、風が直接あたらないようにし、市販されているひんやりマットなどもを上手に活用しましょう。

家を留守にするときはエアコンを入れたままにしておく方が安心です。ただ、人間がいるときと同じ設定温度では冷えすぎてしまうこともあるので、2~3℃高めに設定すると良いでしょう。

熱中症になったら、早急に冷やして体温を下げる

高齢の猫は、暑いところで平気で寝ていて、気づかずに熱中症になっていることがあります。熱中症の度合いは次の通りです。

・猫の身体が熱くなっていたり、呼

吸が速くなっていたら中程度

・口を開けてハァハァと荒い息をしていたり、グッタリしていたり、痙攣を起こしていたら重度

中程度の場合は、涼しい場所に移動して水を飲ませる、冷たい水で濡らしたタオルで全身を包む、氷枕を動脈の走る首のまわりやわきの下に当てるなどして、急いで体温を下げます。このとき、体温を下げすぎないように注意し、39℃まで下がったら冷やすのを止めます。重度の場合は緊急を要しますが、中程度でも獣医師の診断と治療を受けるようにします。

冬は湯たんぽやマットなどで保温対策を

寒さが厳しいときはエアコンなどを使って、室温を保ちます。また猫が眠る場所にはペット用のホットカーペットや湯たんぽなどを利用して温めるようにしましょう。湯たんぽは低温ヤケドしないよう、カバーをかけて、中のお湯の温度を保てるように布や毛布などで包みましょう。上に乗っていると暖かくなるペット用マットも市販されているので、そういう製品を利用するのも方法です。猫が弱ってきて、夜一緒に寝るのが危険だと思えるようになったら、ホットカーペットの上にドーム型の猫ベッドを置いて、そこで寝させるようにします。特に寒さの厳しいときは、ドーム型ベッドの上に毛布などをかけて暖かさが逃げにくいようにしましょう。

■暑さ対策には、室内を温度28℃以下、湿度60％以下にコントロールしましょう。

■寒いときはエアコン＋湯たんぽやホットカーペットなどを利用します。

暑い日も寒い日も、快適な空間を維持したい

12

今まで通り触れ合って、良いコミュニケーション

若い頃は、何かしてほしいことやほしいものがあると、その猫なりのアピールをしていたはずです。それが歳を重ねてくると静かに穏やかになってきます。そんな老猫とは今までと違うつきあい方が必要です。

歳をとると穏やかに静かになる

猫は歳をとってくるとともに、おとなしく静かになり、ごはんなども以前のように鳴いて要求することが少なくなってきます。今、老猫と暮らしている方は、思い当たる点がありませんか。以前は、すぐに怒ってツメを立てたり、シャーと威嚇していた子も、知らないうちに温厚になり、ふと気づくと最近は穏やかな性格になったと感じることもあるでしょう。それも、老化に伴う変化のひとつかもしれません。

猫とは積極的にコミュニケーションをとる

猫からの要求アピールがなくなったからといって、猫の希望がなくなった訳ではありません。自分からアピールすることが少なくなっただけ。こういう変化を見逃してしまうと、「何だか最近はおとなしいな」で済ませてしまいがち。それでは、せっかく一緒に暮らしているのに、残念です。コミュニケーションはちゃんととりたいものです。

猫の気持ちは観察してイマジネーションを働かせる

猫が歳をとってきたら、猫の希望を少々想像して汲み取るという作業が必要になってきます。まずは猫の行動を観察し、「何がしたいのか」「何をしてほしいと思っているのか」など、じっくりと見て考えてみましょう。いつも一緒にいる家族ならそう難しくないでしょう。

　また、寝ている時間が多くなった老猫を、今は寝ているのだからとそのままそっとしておくと、ほったらかしになってしまいます。起きているときにはできるだけコミュニケーションをとるようにしましょう。

猫の思いを想像して、こちらからアプローチしましょう

- ■愛猫の気持ちを想像して、積極的に話しかけたりしましょう。
- ■時間を共有することが愛情と絆を深めます。

13

愛情マッサージで快適に過ごさせたい

飼い猫はいくつになっても子猫の気分を失わないものです。母猫に舐められるのが子猫にとって心地よいスキンシップであるように、飼い主のスキンシップのひとつとしてマッサージをしましょう。

スキンシップとしてマッサージ

高齢になると筋力も衰えてくるので、マッサージは良い刺激にもなります。ただし、嫌がるようなら決して無理強いはしないようにしましょう。

マッサージとして最も効果があるのが、ツボを意識したものです。例えば自分でマッサージするとき、気持ちいいと思うところがツボですが、猫もほぼ同じ場所にあります。そこを指で優しく押しましょう。だいたいこの辺りと思うところを押していくと、猫が気持ちよさそうにするところがツボなので、猫の様子を見ながら優しく押しましょう。

撫でたり、揉んだり。簡単マッサージ

猫は一般的に、耳の後ろや口角の部分、のどや頬、鼻筋やおでこ、背中や肩甲骨の周辺、しっぽの付け根の辺りを撫でると喜びます。触れると喜ぶところを撫でたり、軽くさすったり、揉んだりして簡単なマッサージをしましょう。

〈マッサージの基本的なやり方〉

基本的には、人間に対してと同じように優しく撫でたり、揉むようにマッサージします。その際、強さは猫が嫌がらない程度にしましょう。

- **肉球や指の間、足などは触ると嫌がる場合は、嫌がらない場所から徐々に慣らしていけば良いでしょう。撫でられるのが気持ち良いと分かれば、いろいろなところを触らせてくれるようになります。**
- **猫によっては触られることが苦手な場合もあります。また、マッサージしていて、手を甘噛みしたり、爪を立てたりするときは「もういい」という意思表示。すぐにマッサージを止めましょう。**

マッサージは身体の異変の早期発見にも

日々、マッサージを続けることは愛猫とのスキンシップ以外にもメリットがあります。それは、身体の異変を早く見つけられること。触ると痛がるところがあったり、以前にはなかったしこりが見つかったり、「いつもと違う」という発見に繋がります。普段の状態を知っている飼い主だからこそ可能な発見です。

マッサージは心地よさと、良い関係を生み出す

■スキンシップのひとつとしてマッサージをしましょう。
■マッサージは身体の異変を見つける手立てになります。

14

こちらから誘って、一緒に遊ぼう

家の中にだけいる猫にとって、遊びは狩猟本能を満たすものです。普段から家族が一緒に遊んであげることが、健康に過ごすことに繋がります。興味を示すオモチャを使ったり、遊び方を変えてみましょう。

年齢に関係なく遊びは健康にも必要

高齢になって、オモチャに関心を示さなくなった場合でも、遊びに「狩り」の要素を持たせれば、興味を示す可能性もあります。遊ぶことで運動量が増え、健康維持に繋がるメリットがあるので、積極的に遊びに誘いましょう。ただ、若いときと同じようにエネルギッシュに走り回ったりするような激しい遊び方はしないようになっても、遊びたい気持ち、目の前で何かが動くと思わず狩猟本能にスイッチが入って、目で追ったり、手を出したし、噛みついたりという行動はまったくなくなることはありません。

「もう歳だから遊ばない」と諦めずに、一緒に遊ぶ時間を大切にしましょう。猫との大事なコミュニケーションになります。

シチュエーションを考えて遊ぶ

高齢になった猫は、動きも以前より緩慢です。動くのが億劫になっているようなら、寝転がったままでもできるような遊びも考えましょう。例えば、ヒモを猫の目の前に置いて端を持って揺らすと、手を出してじゃれてきたりします。また紙を丸めてつくったボール投げて取らせるなど、激しく走り回らなくても、猫が気持ちさえ乗ってきて「遊びモード」になれば、楽しめる緩やかな遊びはいくつもあります。

どこかに入りたがる本能を刺激して楽しむ

猫はいくつになっても好奇心があります。遊びにはあまり関心を示さなくなったとしても、クローゼットや引き出しを開けると必ず入りたがるようなクセのある猫なら、片付けのときに好きなだけ入らせて中を探索させる。段ボールに入るのが好きな猫なら、宅配便で届いた荷物の段ボールを解体せずに置くなど、愛猫が楽しめる状況をつくりましょう。

■愛猫が興味を示すようなオモチャで遊びに誘ってみましょう。
■猫の習性に合わせて、クローゼットや引き出し、箱などを利用します。

箱に隠れてねこじゃらしで遊ぶのは、猫の好きな遊びのひとつ

15

毛や身体のお手入れを忘れずに

猫はきれい好きと言われ、時間があると自分で身体をすみずみまで舐めています。これは、単独で狩りをする動物としての本能で、自分の存在を獲物に気づかれないように、自分の匂いを消すためにするのだと言われています。

小まめなお手入れで清潔に保つ

猫も歳をとってくると、グルーミングする時間が減ります。毛がボサボサして束になり、ふんわりとしなくなるだけでなく、爪とぎも減って、爪が伸びすぎることもあります。そこで、グルーミングには人の手助けが必要になってきます。いつまでもきれいな猫でいるために、愛猫の毛や爪のお手入れをしてください。身体に触れることで、マッサージするのと同じように身体の異常、異変に気づきやすくなります。

コーミングとブラッシングで、きれいな毛並みを維持

グルーミングのやり方は今までと同じで良いのですが、状況を見なが

愛猫のブラッシングはスキンシップとしても良い

ら回数を増やしましょう。

動物用の金属のクシは当たると痛い場合があるので、毛の流れに気をつけ、皮膚の薄いところ、痩せて骨が見えるようになっているなら、そういうところは気をつけてコーミングします。

嫌がるようなら無理強いせず、何度かに分けて行うと良いでしょう。コーミングで全体の毛の流れがスムーズになったら、全身をブラッシングします。

ぬれタオルで毛の表面を拭く

短毛種は必ずしもシャンプーの必要がありませんが、汚れが目立つようならぬるま湯に浸したタオルを固く絞って、毛の表面を拭きます。タオルが黒く汚れるようなら、ぬるま湯でよくすすぎ、タオルに汚れが付かなくなるまで拭きましょう。

冬場は毛が濡れると冷えやすくなるので、室温に気をつけます。

長毛種はシャンプーをしないと毛玉ができてしまう猫もいますが、シャンプーは体力を消耗させることがあるので、高齢になったらシャンプーの回数を減らしましょう。

爪や耳のお手入れも忘れずに

歳をとると爪研ぎの回数が減り、どんどん伸びてしまうことがあります。それが進むと、巻き爪のようになって肉球を痛めることも。そうならないためにも爪は定期的に切る必要があります。嫌がって切れない猫は、バスタオルに包んで足先だけを出して切る、洗濯ネットに入れてファスナーの間から足先だけを出すなど、切りやすくケガをさせないように工夫します。

また、目や耳のお手入れも忘れないように。目ヤニは濡らしたコットンなどで優しく拭き取ります。耳の中の汚れが気になるようなら、市販のイヤークリーナーなどを使いましょう。

■小まめにブラッシングとコーミングをしましょう。
■爪、目や耳のお手入れも状況を見ながら行います。

16

お留守番には事前に準備を整えよう

猫と暮らしていると、短い旅行にもなかなか行けないもの。しかし、どうしても出かける必要が生じる場合もあります。そんなときは、出かける前にきちんと準備することが大切です。

出かける前に環境を整える

老猫の場合は、急に体調を崩す可能性もあります。そういうことを配慮して、できるだけ猫が快適に過ごせるようにします。

投薬があり、毎日朝晩薬を飲ませないといけないときは、猫だけでのお留守番は難しいので、動物病院に預けるのが良いでしょう。

そこまで心配はないけれど、猫だけでは気がかりだという場合は、ペットシッターにお願いするのも選択肢のひとつです。ペットシッターは留守宅に預けておいた鍵を使って出入りし、お留守番している猫のお世話をしてくれるプロです。お願いする前に1度、家に来てもらい、猫の様子やいつも食べているフード、体調などを話しておきます。また特

愛猫にお留守番させるなら、できるだけ快適な環境を準備して

に注意する点なども話しておくと良いでしょう。

猫好きで何度も自宅に遊びに来ている友人がいれば、その方が猫も安心するかもしれません。猫は環境の変化に弱い生き物なので、慣れていることがいちばん大切です。

きちんと準備し、帰宅後は猫の体調チェック

とりあえずは猫だけで大丈夫と思える程度の短時間なら、出かける前に留守中の事故を防ぐための環境を整えます。

① 水を用意する

留守中に猫が水の入った器をひっくり返したりしないように安定した容器に入れます。器はできるだけ複数箇所に置きましょう。

② 温度に注意する

外に出ないように窓や戸はしっかり閉めます。エアコンの設定温度は、夏は28℃、冬は22～24℃くらいに。冷暖房は出かける30分前くらいに入れます。そうすることで冷暖房の入れ間違いが防げます。出かける前には温度設定の最終確認をしましょう。

③ 猫の安全を守る

筋力の落ちた老猫は、どこかに入りこんだりすると出てこれなくなる危険性があります。猫が入りこみやすいところは、予め塞いでおきましょう。

④ トイレもきれいに

猫は汚れたトイレが嫌いです。出かける前にきれいに掃除し、汚れが気になるようなら新しい砂に変えるなど、きれいな状態にしておきます。

帰宅したら、体調に変わりないか、様子に変化がないかをチェックします。また長時間の外出でフードを用意して出かけた場合は、フードの食べ具合、トイレの排泄物も調べます。もし何か問題があるようなら、早めに動物病院に受診しましょう。

- 家族全員が出かけるときは、ペットホテルやシッターなどを利用して。
- 短時間でもお留守番させたら、帰宅後に体調をチェックします。

17

信頼できる動物病院をうまく見つけよう

猫も若いときは、ワクチン接種くらいしか動物病院にかからないこともあるでしょう。しかし、壮年期を過ぎたら、何かあったときにも頼れる獣医師を見つけておきたいものです。

かかりつけの獣医師を見つける

愛猫が体調を崩したとき、相談したり、適切な処置をしてくれる獣医師がいるだけで、本当に心強いものです。愛猫の普段からの様子をいちばん知っているのは家族。病気やケガなどに対して、適切な治療や処置ができるのは獣医師。この2者が連携できれば、猫の健康はずいぶん違ってくるはずです。

〈信頼できる動物病院を見つけるチェックポイント〉

・まず一度、診察を受けてみる

病気になったときでは、信頼できるかどうか分からない動物病院に行くのは心配です。最初は健康診断を受けるのが良いでしょう。

・周囲の犬や猫を飼っている人にどこの病院の評判が良いかをたずねてみる

「ここなら」と思えるところを見つけたら、実際に訪ねてみます。

・初めて病院に行ったら様子をチェックする

どんな患者が多いのか、事前に予約ができるかも確かめます。待合室が狭く、犬がたくさん来るところは、猫にとってストレスになる場合もあるので要注意。

・診察を受けるときは、問診、触診の様子を見る

獣医師の猫に対する扱いが見られますし、本当に動物好きかどうかも分かります。

・会計で、明細がきちんと書かれているかを見る

理由の分からない金額について説明のない動物病院は良くありません。

・獣医師との相性も大事

最初のポイントをクリアできた動物病院なら、何かあれば通ってみるのも良いでしょう。ただ、猫の扱いがいくら上手でも、きちんと病気について説明してくれない、治療の選択肢を提示してくれない獣医師は良くありません。また、感情的になりやすく、上から物を言うような尊大な態度の人も良くありません。さらに、どんなに良い先生でも、飼い主と上手にコミュニケーションが取れなかったり、どうしても相性が合わないこともあります。そういう獣医師とは、おそらく猫が重い病気になったときには信頼して治療を任せられないでしょう。猫と獣医師の関係も大事ですが、飼い主とはそれ以上に相性が重要です。信頼関係の築けない獣医師では、猫も飼い主も不幸。他の動物病院を探した方が賢明です。

何かあったら、
私に任せて
くださいね

Cat Hospital

信頼できる獣医師は、愛猫にとっても飼い主にとっても強い味方

■かかりつけの動物病院は、愛猫が健康な間に見つけておきましょう。

■猫との相性、飼い主との相性。両方良い動物病院を選びましょう。

高齢猫リポート

持病あり猫編

やまとちゃん

17歳（メス）

猫10頭＋保護猫がいる大家族の最高齢。持病を抱えながらも、元気に暮らす

おっとりした性格で、人にも猫にも好かれる猫。それがやまとちゃんです。現在は、岩崎さん親娘と17歳のやまとちゃんを筆頭に3歳まで10頭の家猫、そして保護猫1頭が一緒に暮らす大家族です。こんなたくさんの猫がいても、やまとちゃんはみんなに優しく面倒見も良い性格で、人間のお客さまにも自分からあいさつに行くほど人懐こいとのこと。

そもそも岩崎家の家族になった経緯も、鳴きながら歩いてすり寄ってきたから。出会った場所は、野良猫が多くいる地域で、どの猫も健康状態も悪く、交通事故死する猫や怪我をしている猫をたくさん見かけるような環境の極めて悪い場所だったのでした。

現在は健康に特に問題はないそうですが、口内炎 を患っていて、口の中の様子を診ながらステロイドと抗生物質の投薬と人間用の口内炎の塗り薬を患部に塗布しているそうです。最初に発症したときは、抜歯やインターフェロンの投与、ステロイド注射を定期的に行ったり、他の投薬も数年にわたってしていたそうですが、副作用が出たりしたため現在は中止しています。

最近は、いくら食事を与えても「お腹が空いたニャ～」と傍を離れませんし、どんなに食欲がアップしても少しづつ痩せてきていているので、もしかしたら甲状腺機能亢進症かもしれないと心配しているそうです。現在、診ていただいている動物病院は治療に関してもしっかり説明してくれ、飼い主の希望も聞きながら治療をすすめてくれるので、相談しながら適切な治療をしていきたいと岩崎さんは考えています。

マロンくん
10歳（オス）

腎疾患の経過観察中。今は元気に過ごす甘えん坊

名前を呼ぶと、しっぽを立ててやって来て膝の上に飛び乗る。そんな甘えん坊な性格のマロンくん。今は猫3頭で町田さ

んのお家に暮らしています。実はマロンくんは大人になってから、町田家にやってきたので正確な年齢は不明。約10年前、都内で発生した多頭飼育崩壊の家からレスキューされたのが、マロンくんの一族でした。わずか数頭の猫が避妊去勢手術をせずに家の中にいたため、3年ほどで数十頭に増えてしまうという凄まじい状況でした。マロンくんは、ペルシャ猫系の血が入っていたため、この猫種に出やすい多発性腎嚢胞という病気を持っています。多発性腎嚢胞は、腎臓内に嚢胞ができることで腎臓の機能が失われていき、いずれは腎機能の低下を起こして死に至ります。嚢胞が小さいうちはまだ安心ですが、その経過を見守る必要があるのです。

今のところ特に投薬もなく、定期的に血液検査と腎臓のエコー検査、尿の比重を診る尿検査などを受けています。

そんな心配を抱えながらも、マロンくんは元気いっぱい。ねこじゃらしに反応したり、小さなボールを追いかけて遊んでいたり。食欲も旺盛で、他の猫のフードを横取りするくらいです。

性格がとても良いマロンくんのことを町田さんはとても大切に思っていて、このままずっと元気で過ごしてほしいと願っています。

第3章

高齢猫の病気とケア

もちろんですが、猫も病気になります。
高齢になると、それはさらに顕著に。
高齢猫に多く見られる病気について、さらに自宅で行う病気のケア、
動物病院への通院など、病気にまつわることはいろいろあります。
知っておくだけで、いざと言うときに役立ちます。

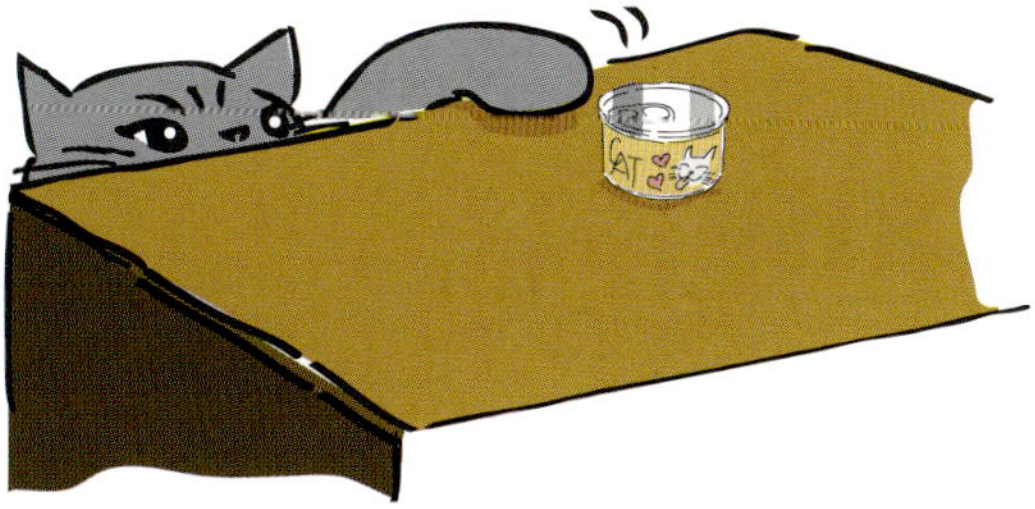

18

暮らしの中で健康をチェックしましょう①身体

猫も歳を重ねていくにつれて、病気にかかりやすくなることは否定できません。しかも初期の症状はなかなか気づきにくいもの。ただ、普段から愛猫とスキンシップして、よく見て観察していれば、ちょっとした異変にも気づきやすくなるはずです。

いつもの状態を知っておくと異変に気づきやすい

日頃から愛猫の様子をきちんと把握しておきましょう。そして何かちょっとした異変や気になることを発見したら、早めに動物病院に受診しましょう。仮にそのときは何もなくても、それが愛猫をより良く知る手がかりとなります。

■普段から身体に触れて、何か違っているところはないかチェックしましょう。
■気になるところがあったら、早めに動物病院に。

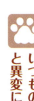

<身体の気になるところをチェック>

注意：挙げている病名は、あくまで可能性があるということです。

●背中、背中の皮膚

□毛の感触がなんとなく違う、ツヤがなく、ガサガサしている。毛が束になっている→体調不良など
□毛が薄い、部分的な脱毛→皮膚炎、内臓疾患
□ザラザラ、ボコボコした感触→皮膚炎など
□触ると嫌がる、鳴く→その場所に何か痛みがある場合も
□皮膚をつまむと戻りが遅い、戻らない→脱水

●しっぽ・脚

□脱毛やポツポツがある→皮膚炎による発疹、炎症など
□脚にしこりや腫れ→皮膚の腫瘍
※捻挫、骨折、関節炎による腫れ、皮膚トラブルの場合も
□触ると嫌がる、鳴く→関節炎

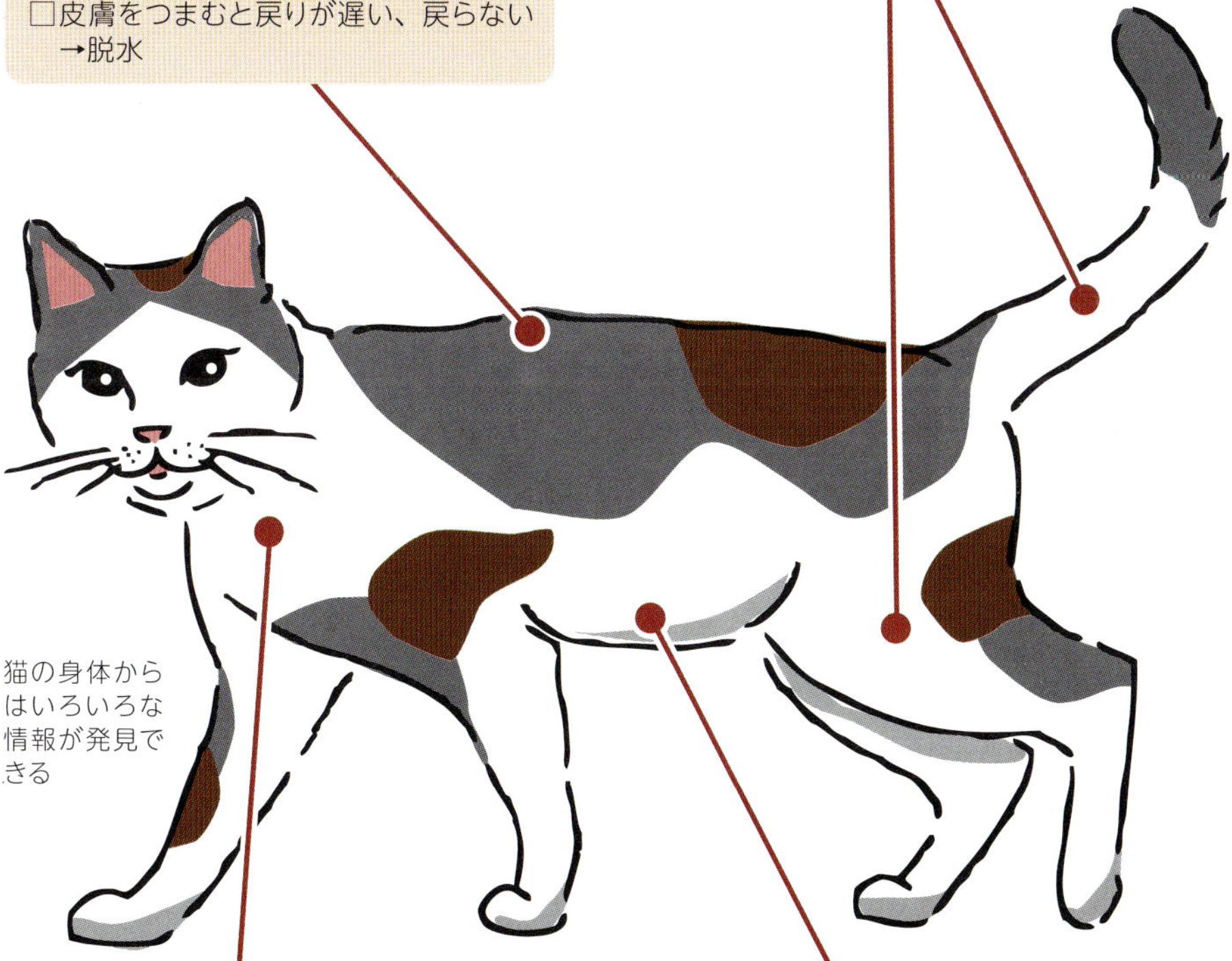

猫の身体からはいろいろな情報が発見できる

□急激な痩せ→糖尿病、甲状腺機能亢進症、悪性腫瘍など
※口内炎によって食べられないことによる可能性もあり

●胸・お腹

□しこりや腫れがある→乳腺腫瘍、リンパ節・内臓の腫れなど
※便秘、異物を飲み込んでいる可能性もあり
□心拍が速い→心臓病など
猫の正常な心拍数は安静時1分間に140～220前後。胸部を触って心拍数を計る

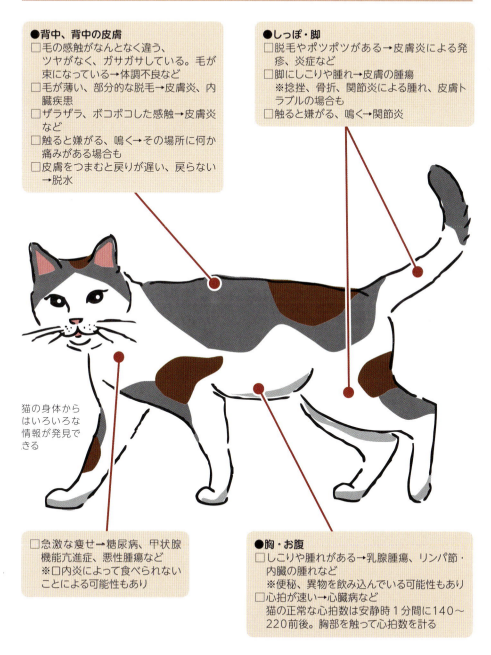

19

暮らしの中で健康をチェックしましょう②顔の周辺

毎日、愛猫とアイコンタクトして、じっと顔を見る。家族だけに見せてくれるさまざまな表情から分かる変化がいろいろあります。何気ない変化を見逃さないように、気のせいだと否定せずによく観察しましょう。

いつも見ている顔からも異変を発見できる

歳をとった愛猫の健康管理は、家族の大事な役目。病気や不調は早期に発見して、早めに治療することで、愛猫の暮らしの質はぐんと上がります。老猫になったからこそ、できるだけ痛みや苦しみのない毎日をおくらせる。それが猫への愛情でしょう。

■顔は普段から良く見ているところなので、注意深く観察しましょう。
■気になるところがあったら、早めに動物病院へ。

<顔の周辺を気になるところをチェック>

注意：挙げている病名は、あくまで可能性があるということです。

●目

□トロンとしている→体調が悪い可能性
□眩しそう→角膜炎、結膜炎、目の痛みなど
□濁っている→ブドウ膜炎、出血など
□黒目が揺れる→脳、内耳の異常など
□異常にギラギラしている→甲状腺機能亢進症（明るいところでも瞳孔が開き、目がギラギラして見える場合）など
□黄色、緑の目ヤニ→角膜炎、結膜炎など
※少量の茶色い目ヤニは心配なし
□白目や目の周辺が赤くなる→結膜炎、角膜炎、瞬膜の炎症など
□黄色、緑の目ヤニ→角膜炎、結膜炎など

●耳の中

□乾燥した黒色、湿った茶色い耳あかがある→耳ダニ症、外耳炎など
□黄色い膿のようなものがある、刺激臭がする→重度の外耳炎、中耳炎、外傷の化膿など
□耳介の内側が白っぽい、黄色っぽい→いつもより白い場合は、貧血、黄色っぽい場合は黄疸が出ている可能性あり
※耳介＝耳の▲の内側は、皮膚の色が分かりやすい部分。
□触ると嫌がる、鳴く→外耳炎、中耳炎などによる耳の痛みなど

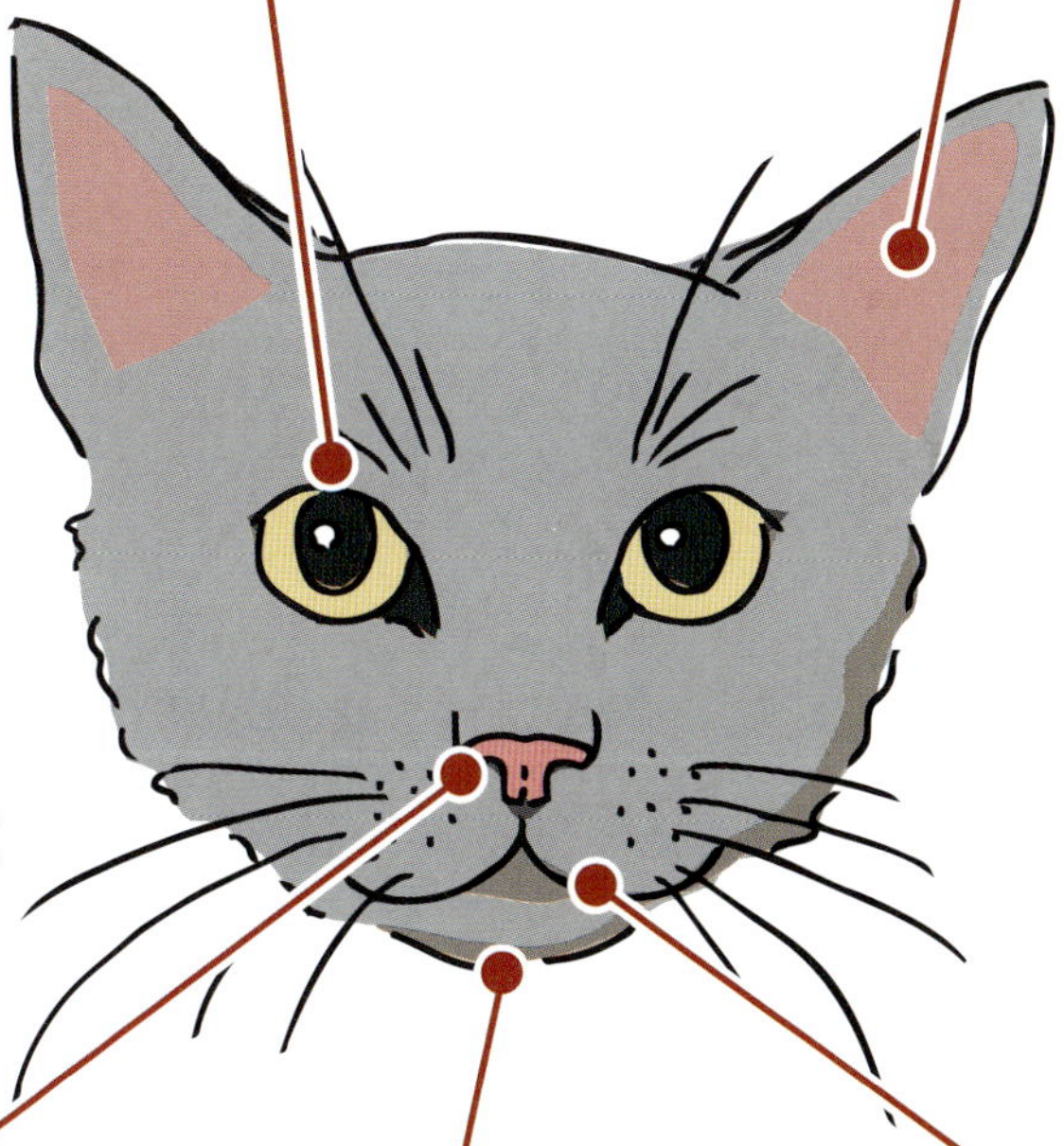

猫の顔まわりにはいろいろな病の兆候が見つけられる

●鼻

□色の付いた鼻水、鼻血が出ている→クリーム色、緑色の鼻水は感染症の疑いも。鼻血は歯周病、腫瘍の可能性あり

●アゴ

□黒っぽいブツブツがある→座瘡（猫ニキビ）

●口の中

□歯ぐきや唇の腫れ、よだれ→歯周病
□歯石が付いている→歯周病になる可能性

20

暮らしの中で健康をチェックしましょう③行動・その他

普段の行動の中にも、病気の兆候が見えたり、後でよく考えてみたらおかしかったということが意外にあります。少し変わっていても歳をとったから仕方ないと簡単に片づけないで、普段の行動こそよく観察しましょう。

普段の何気ない行動にも気を配る

以前より動かなくなった、寝ているときに咳をしている、食事の食べ具合、トイレの状態など普段の生活の中にも病気の気配が隠れていることがあります。特に食欲はありすぎても、なくても心配ですし、オシッコやウンチの量や回数、内容も健康を計るバロメーターとも言えます。毎日のことなので見過ごしがちだからこそ、日々少しだけでも注意を払ってチェックをしましょう。

■食事と排泄は、健康管理の基本です。毎日、よく見ましょう。

■猫自身の習慣にも病気の兆しが見られる場合が。変化を見逃さないように。

<行動などの気になるところをチェック>

注意：挙げている病名は、あくまで可能性があるということです。

普段の行動、食事、トイレから
変化を見つけて

●寝起き・寝ているとき

- □ 目を覚ましても動かず、寝ている→体調が悪い可能性
- □伸びをしない→腰、脚の痛み
- □若いときより活発に動く→甲状腺機能亢進症
- □寝苦しそうな表情→身体の痛み、体調不良
- □呼吸が荒い→呼吸器系の病気、発熱、循環器系の病気

●毛づくろい・遊び

- □毛づくろいをほとんどしない→体調不良、口の中、首・背骨・腰などの痛み
- □同じところを舐める→舐めている箇所のかゆみ、痛み、ストレス
- □毛づやがない→急激に状態が悪くなった場合は、体調不良、脱水
- □好きなオモチャに無反応→体調不良、痛み
- □高いところに上がらない→腰や脚の痛み
- □歩くときふらつく→骨・関節・靱帯の異常（脚を引き摺っている場合）、脳、神経の異常（まっすぐ歩けないとき）

●飲水、食欲

- □水を飲む量が増えた→糖尿病、慢性腎臓病
- □食欲がなくなった→体調不良、口内の異常
- □異常な食欲→糖尿病、甲状腺機能亢進症

●オシッコの状態

- □量が極端に少ない→膀胱炎、結石（尿毒症になる危険性も）
- □量が異常に多い→慢性腎臓病、糖尿病、甲状腺機能亢進症
- □オレンジ色をしている・臭いが強い→膀胱炎、結石
- □色が薄い、臭いが弱い→慢性腎臓病、糖尿病、甲状腺機能亢進症

●ウンチの状態

- □3日間以上出ない→便秘
- □排便姿勢をするのに出ない→便秘、巨大結腸症
- □下痢、軟便を繰り返す→大腸炎、小腸炎
- □色がドス黒い、赤い血が混じっている→腸内の炎症

21

かかりやすい病気の知識を持とう①泌尿器系

人と同様に、猫もさまざまな病気にかかります。特に高齢期になるとその確率は高まります。中でも多いのは慢性腎臓病を筆頭に、泌尿器系の疾患です。根治できるものもありますが、進行すると死に至ることもあります。

慢性腎臓病は猫が最もかかりやすい病気

リビアヤマネコを先祖に持つ家猫は、体内に取り込んだ水分を効率的に利用できますが、反面、濃縮した尿をつくるため、腎臓に大きな負担がかかるとも言われます。猫はそもそも腎臓を悪くしやすい動物なのです。実際に15歳以上の猫の3頭に1頭は、症状の差こそあれ、慢性腎臓病を患っていると推定されます。

腎臓は体内の老廃物を排出すると同時に、身体に必要なミネラルを血液中に戻す働きをします。しかし、腎臓の機能が大きく損なわれてしまうと体内の老廃物が排出できずに溜まり、尿毒症を起こして死に至ります。

最初は症状が出ず、かなり進行して初めて、大量に水を飲む、頻繁にオシッコをするなどが現れて、気づくことがほとんどです。しかし、この症状が出たときには腎臓の機能はすでに半分以上が失われています。そして病気がさらに進行すれば、痩せる、食欲がなくなる、脱水、嘔吐、貧血などが見られるようになります。

慢性腎臓病を治すことは難しいで

すが、早く発見することで進行を遅らせることは可能です。

腎臓・膀胱の結石

猫がかかりやすいのは、膀胱にできるストルバイト結石です。ストルバイト結石はアルカリで結晶化しやすく、酸性で溶解するという性質があります。膀胱内に繁殖した細菌は、尿に含まれる尿素を分解しアンモニアを発生させてしまうのですが、このアンモニアが本来酸性であるはずの尿をアルカリ化させてしまい、結晶、結石を作り出す原因に。重症化すると尿が出なくなり命にかかわることもあります。

よく水を飲み、たくさんオシッコをするようなら要注意

- ■猫はそもそも慢性腎臓病にかかりやすい身体特徴を持っています。
- ■結石は慢性化することもあるので注意が必要です。

22

かかりやすい病気の知識を持とう②内分泌系

猫も意外にかかりやすいのが甲状腺を含む内分泌系の疾患です。かかると完全に治すのが容易ではない、あるいは完治しないことも。早期発見が何よりも大事です。

食欲旺盛なのに痩せる甲状腺機能亢進症

甲状腺は新陳代謝をコントロールする甲状腺ホルモンを分泌する器官。この甲状腺の働きが活発化し過ぎて、甲状腺ホルモンが過剰に分泌され、新陳代謝をコントロールできなくなってしまうのがこの病気です。主な症状は次の通り。

- 食欲旺盛になってたくさん食べるのに痩せる
- 水を大量に飲み、たくさんオシッコをする
- 活発になって攻撃的になる
- 爪が伸びやすくなる

進行すると心臓に大きな負担がかかり、心不全や呼吸数の増加を起こすことも。治療には肥大した甲状腺の切除、あるいは甲状腺の働きを阻害する薬を投与します。早期発見は、健康診断で可能です。

猫にも見られる糖尿病

膵臓から分泌されるインスリンの不足、あるいは分泌されても作用せず細胞のエネルギー源である糖分が上手く採り込めない状態になります。進行すると、神経系に異常が出て歩くのがおかしくなったり、抵抗

力がなくなって感染症にかかりやすくなります。また、他の病気を起こしやすくなり、痩せたり、嘔吐、下痢、意識障害などを起こし、昏睡状態から死に至ります。

興奮しやすくなったり、落ち着きがなくなったりすることも

最初の症状は、次の通り。

・大量に水を飲み、頻繁にオシッコをする

・食欲が旺盛になって大量に食べるのに痩せてくる

食欲があるのに痩せる場合は、インスリン注射が必要になります。糖尿病は、健康診断で早期発見ができます。またインスリン投与と血糖値をコントロールすれば、すぐに命に関わることはなく、病気とつきあっていけます。

■意外に多い糖尿病、甲状腺系の病気には注意が必要です。

■水の飲み具合と食事の様子をチェックしましょう。

以前より多飲多尿、食欲旺盛になったら糖尿病を疑っても

23

かかりやすい病気の知識を持とう③悪性腫瘍

悪性腫瘍（ガン）は猫にもよく見られる疾患です。歳をとった猫に限らず、若い猫もかかります。人のガンと同じように早期発見、早期治療がもっとも効果があります。

避妊していないメス猫に多い乳腺腫瘍

高齢のメス猫に多く、乳腺にできるしこりは、9割が悪性です。放置すると、肺など他の臓器に転移する可能性が高く、命の危険があります。最初は乳房に小さなしこりができ、これを放置すると次第に大きくなります。やがて周囲の乳房にもしこりができ、腫瘍が大きくなると変色する、皮膚が薄くなって出血、潰瘍できるなどの症状が現れます。肺への転移は呼吸困難を起こします。

ときどき乳房に触れてチェックし、しこりが見つかったらできるだけ早急に手術をします。

くすぐったい〜
でも病気が
分かるなら
我慢するよ

普段からお腹に触って「しこり」がないかチェック

耳など毛の薄い部分にできやすい扁平上皮ガン

皮膚や粘膜にできる腫瘍です。白い毛の部分や毛の薄い部分にできやすく、とくに顔面の鼻筋やまぶた、耳に多く発生します。ガンに侵された皮膚は、皮膚炎のように脱毛し、かさぶたや潰瘍ができたり、すり傷のように見える場合もあります、進行すると、侵された部分が腫れて潰瘍がひどくなり、出血、化膿するほか、例えば耳など、ガンができている部分が脱落することがあります。

耳などにかさぶたやただれができて治りが悪いときは、早めに診察を受けましょう。

皮膚や内臓にできる肥満細胞腫

免疫反応に関わる肥満細胞が腫瘍化することで起こります。皮膚型と内蔵型があり、皮膚型の場合は、脱毛を伴う小さな硬いしこりが1個だけポツッとできたり、体のあちこちにできたりします。

内臓型の場合は、主に脾臓や肝臓に発症します。初期には軽度の元気消失が見られ、進行によって元気消失が酷くなる、食欲不振、体重の減少といった症状も見られるようになります。脾臓や腸管などにできる内蔵型肥満細胞腫の多くは悪性度が高く、転移しやすいため、命に関わることがあります。

老猫に多い消化管型リンパ腫

リンパ腫は腫瘍ができる部位によってタイプが分類され、その症状もさまざまです。中でも老猫に見られるのは、腸管や腸間膜のリンパ節に腫瘤ができる「消化管型リンパ腫」です。嘔吐や下痢などの消化器症状のほか、食欲・体重の低下などが見られます。また、リンパ腫が大きくなると腸閉塞の原因となったり、腫瘍がある部分の腸管がもろくなって破れ、腹膜炎を起こすこともあります。

■人の場合と同様に、早期発見を心がけましょう。
■何か気になることがあったら、早めに動物病院で受診します。

24

かかりやすい病気の知識を持とう④口内炎・関節炎

高齢の猫に多いのが、口内炎など口腔の疾患。また老化に伴って関節のトラブルも多く見られます。食が細くなったり、痛そうにしていたら、早く獣医師の診察を受けることが大切です。

激しい痛みを伴うこともある口内炎

口内炎は、激しい痛みを伴うことが多く、食べたいけれど食べられない状態になりがちです。そのため食欲が低下し、体重も減少します。さらに、口臭が強くなり、粘液性、あるいは血が混じったよだれが始終たれている状態になります。よだれの

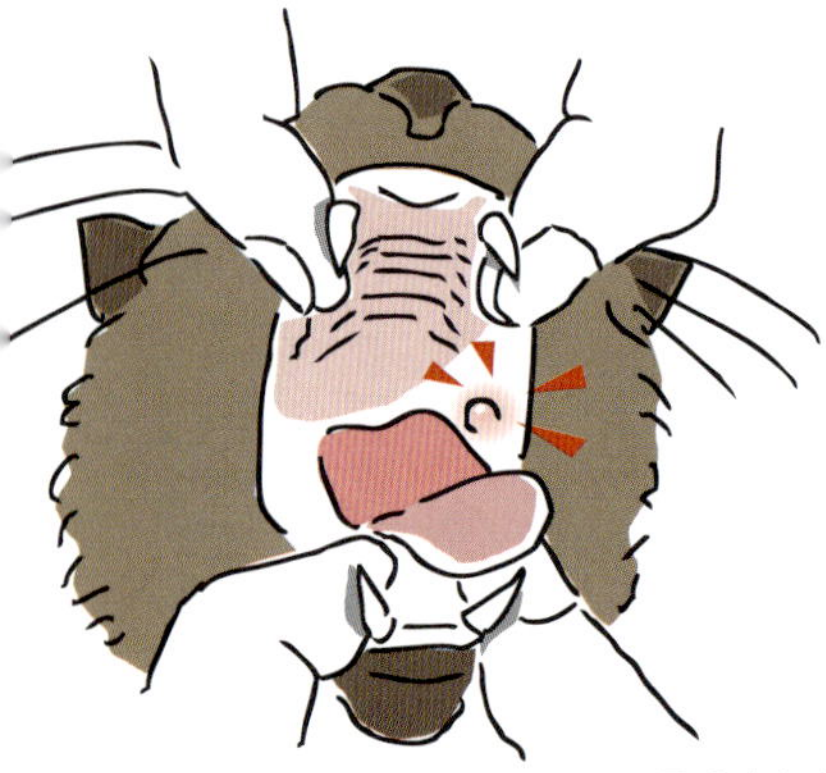

口の中に炎症があると、食べられなくなってしまう恐れも

痛そうにしていたら、関節炎が疑われる

ため、口の回りや前足がいつも汚れていたり、グルーミングもあまりしなくなることもあります。口の中の粘膜や歯肉が真っ赤に腫れて、ただれや潰瘍、出血が見られます。治療は原因となっている病気を治す、または抜歯を行います。

痛みによるストレスもある関節炎

関節には軟骨があり、衝撃を吸収してスムーズな動きを助ける働きをしていますが、この軟骨がすり減ったり表面の滑らかさを失ったりすることで炎症を起こしてしまう状態です。関節炎は老猫や肥満した猫がかかりやすく、関節炎になると炎症を起こしている部位を動かすたびに痛みが生じます。関節炎になると常に痛みを感じているため元気がなくなるケースが多いですが、痛みのせいで神経過敏になり攻撃的になってしまうこともあります。また、痛みによるストレスから食事を食べなくなってしまうこともあり、食べないことで一気に衰弱してしまう危険もあるので特に注意が必要です。

■口内炎は痛みのため食欲をなくすことも。普段のケアが大切です。
■脚を動かすのを嫌がったり、痛そうにしていたら関節炎を疑います。

25

かかりやすい病気の知識を持とう⑤感染症

猫エイズ、猫白血病などは、他の猫からうつることが多い感染症。感染していても発症しなければ、そのまま普通に暮らせるケースも多くあります。ただ、発症してしまうと、完治しないのが特徴です。

猫後天性免疫不全症候群いわゆる猫エイズ。

FIV（猫免疫不全ウィルス）に感染することで発症します。FIVは猫の免疫システムを破壊する性質があり、発症すると猫の免疫力を著しく低下させます。しかし、FIVを保持していても、必ずしもエイズを発症する訳ではありません。猫によっては、FIVを体内に持ちながらも、免疫機能を保持したまま、長生きする猫もいます。

■猫エイズの進行

・感染

・急性期

ウィルスが猫の免疫と闘い、猫は風邪をひいたような症状を発症します。下痢、リンパ節の腫れなどの症状が表れます。

・無症状キャリア期

急性期で見られた症状がなくなり、一見、健康な状態に見えます。この時期、ウィルスはリンパ球の中に潜み、次第に猫の免疫力を奪っていきます。無症状のキャリア期は長い猫で10年ほど続きます。

・持続性全身性リンパ節腫大期

・エイズ関連症候群期

免疫低下が著しくなると、多くの病気を発症し悪化します。発熱、軽度の貧血、体重減少などが見られます。

・免疫不全期

免疫不全状態に陥り、免疫機能がなくなります。肺炎など、感染症を患い、やがて死が訪れます。

猫白血病ウイルス感染症（FeLV）

感染しても症状は出ませんが、猫の体内にはFeLVが潜伏し続けます。また、免疫力が低下した場合は、疲れやすい、食欲がない、舌が白いなどの貧血による症状や感染症を起こしやすくなり、口内炎、皮膚炎、鼻炎、下痢といった症状が見られるようになります。

ほぼ確実に死に至る猫伝染性腹膜炎

猫の体内で変異して生まれる猫コロナウイルスの一種、猫伝染性腹膜炎ウイルスが原因です。発症すると、発熱、食欲の低下、嘔吐や下痢が見られ、しだいに体重が減少してきます。病型は、ウエットタイプ（滲出型）とドライタイプ（非滲出型）そして混合型という3つの型に分かれます。

・ウエットタイプ

腹膜炎や胸膜炎を起こし、腹水や胸水が貯留して、お腹まわりが膨らんだり、呼吸困難を起こしたりします。

・ドライタイプ

ウエットタイプと同様に発熱や食欲不振などが見られるほか、中枢神経系（脳・脊髄）に炎症が起こり、麻痺や痙攣、行動異常などの神経症状が現れたりします。

両タイプとも、数日〜数ヵ月で死に至ることがほとんどです。

感染症は発症すると、死に至ることも多い

■猫エイズは発症せずにそのまま寿命を全うするケースもあります。

■エイズ・白血病とも、他の陽性の猫と接触しない限り、感染することはありません。

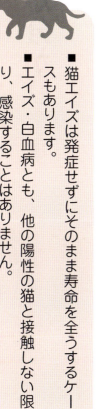

26

普段の血液検査から健康状態が分かります

猫が7~8歳の壮年期を迎えたら、年に1度は健康診断を受けた方が安心です。日常生活では気づかないうちに、どこかに病気が潜んでいる可能性もありますし、普段一緒にいるからこそ分からないこともあるからです。

血液検査は健康診断の第一ステップ

通常、特に元気がない、食欲がないなどの症状がなくて健康診断を受ける場合は、視診、触診、聴診器を当てて心音を確認するなどに加えて、血液検査をすることが多いでしょう。血液検査では基本的に多くの病気の兆候が分かります。正常値より突出した値の出たものから判断して、どこかに病気が潜んでいる可能性があぶり出されます。

血液検査で異常が出た箇所をさらに詳しく調べることで診断が進みます。その他、猫の症状によって異なるので、獣医師の説明を聞いて、納得のうえ、どのような処置をするかの判断するのが良いでしょう。

- ■健康診断は壮年期以降、年1回を目安に受けましょう。
- ■血液検査からいろいろな病気が分かるので、しっかりチェックを。

壮年期以降の猫は年1回
を目安に健康診断を

＜血液検査項目と分かる病気など＞

検査項目	正常値	解ること
赤血球数	550〜10000万個／μℓ	脱水、失血、溶血
白血球数(WBC)	8000〜15000個／μℓ	炎症、興奮、ストレス、感染
ヘマトクリット(Ht)	25〜45%	脱水、失血、溶血
ヘモグロビン(hb)	8〜14g／dℓ	脱水、失血、溶血
血小板数(PLT)	30〜80万個／μℓ	自己免疫疾患、骨髄疾患
総蛋白(TP)	5.7〜7.8g／dℓ	脱水、感染
アルブミン(Alb)	2.3〜3.5g／dℓ	脱水、栄養状態、消化吸収不良
血糖値(Glu)	71〜146㎎／dℓ	糖尿病、膵炎、低血糖
尿素窒素(BUN)	17.8〜32.8㎎／dℓ	腎疾患、尿結石、脱水
クレアチニン(Cre)	0.8〜1.8㎎／dℓ	腎疾患、尿路閉塞
総ビリルビン(Tbil)	0.1〜0.4㎎／dℓ	溶血、肝疾患
GPT	22〜84IU／ℓ	肝疾患
カルシウム(Ca)	8.8〜11.9㎎／dℓ	腎疾患、腫瘍
ナトリウム(Na)	147〜156mEq／ℓ	腎疾患、代謝異常
カリウム(K)	3.4〜4.8mEq／ℓ	腎疾患、代謝異常、

項目は主なもので、症状などに応じて違う項目を追加する場合もあります

27

高齢になってもワクチンは必要

高齢になるとワクチンの副作用と感染症の予防を天秤にかけ、何歳までワクチンを接種するかは獣医師の間でも意見が異なります。しかし、基本的にはワクチンは継続してうった方が良いでしょう。

健康に問題なければ基本的にワクチンはうつ

現在、猫ウイルス性鼻器官炎、猫カリシウイルス感染症、猫汎白血球減少症を予防する3種混合ワクチン、さらに猫白血病ウイルス予防の単体ワクチンと、前記の3種に加えて白血病ウイルス、クラミジア感染症を予防できる5種混合ワクチンなどがあります。感染症は猫に蔓延しており、特に子猫や高齢猫は命に関わる危険性もあります。ワクチンを接種する以外に有効な対策がない感染症もあります。ワクチンの目的は病気の予防ですから、健康で元気な猫が病気にならないために接種するものと言えます。

猫白血病ワクチンについては、感染する危険性のある猫のみ接種が推奨されています。外出が自由の猫、外から家の猫以外が入ってくる場合は接種するか相談しましょう。感染猫が同居しているケースでは、接種前に猫白血病ウイルスの感染の有無を検査してからにしましょう。

ワクチン接種に疑問があるときは、獣医師と相談を

ただ、基本的にワクチンは体調が悪い猫には接種しません。なぜなら、ワクチンには副作用があるからです。健康に何か問題のある猫は獣医師に相談し、いつワクチンをうつのか、どのくらい間を空けてうつのか、接種自体を止めるのかを決めましょう。ワクチンは病気を予防し、もし仮にかかったとしても軽い症状で抑えることができるものです。メリット、デメリットを理解し、獣医師と相談のうえ、判断しましょう。

また、健康であれば、完全室内飼いでも接種が推奨されます。なぜなら人間の衣服や靴などを介して室内にウイルスが運ばれることもありますし、ベランダなどに出ることによって感染症にかかる可能性もあるからです。

家族全員が帰宅したら手洗いをする、戸外にいる猫はなるべく触らず、もし触ったら帰宅後によく手を洗い、洋服を着替えるなどの配慮も大切です。

病気の予防のために、健康な猫はワクチンをうちましょう

■基本的にワクチンは接種した方がメリットは大きいです。

■健康に問題のある猫のワクチン接種は、最初に獣医師と相談を。

28

自宅で上手にケアしましょう
①投薬の方法

多くの場合、病気が見つかると動物病院で薬が処方されます。しかし、人間と違って病気が治るならと納得して飲んでくれることは期待できないのが、困るところ。できるだけスムーズに飲ませるためにもコツが必要です。

上手に飲ませれば、猫もストレスが少ない

錠剤でも粉薬でもフードに混ぜて飲ませるのが、猫にとっていちばんトラブルのない方法です。しかし、フードに混ぜても飲ませられないときのために、上手な投薬のコツを覚えて、飲ませてみましょう。元気なうちに予行練習をしておき、どんな方法なら上手に飲ませられるのか、予め理解しておくことも大切です。

嫌がって暴れるときは、少し工夫を

猫に投薬する場合、大暴れして、噛まれたり引っかかれたりする危険もあるでしょう。そういうときは猫の身体をバスタオルなどで包み、頭だけ出して飲ませると良いでしょう。

大切なのは、処方された薬の決められた量を確実に飲ませること。いろいろと試してみて、その猫にとって適切な方法を選びましょう。猫によって飲みやすい方法は違うので、どうしても飲ませられないときは、錠剤なら粉薬に変えるなど形状を変えてもらう、カプセルに入れるなど、獣医師と相談しながら適切な方法を選びましょう。

<錠剤を飲ませる>

① 口を開けさせる

片方の手で頭を持ち、もう片方の手の指先で口を開きます。嫌がる場合は、一人が猫を押さえて頭を持ち、もう一人が口を開けるようにすると良いでしょう。

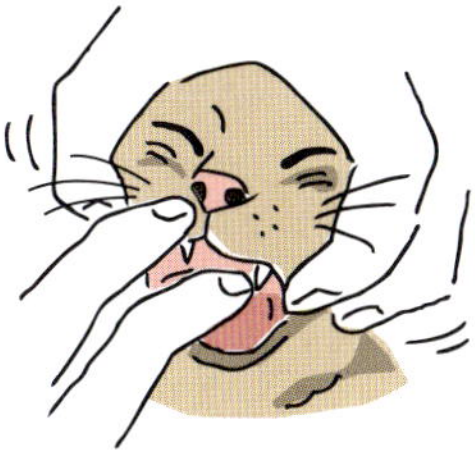

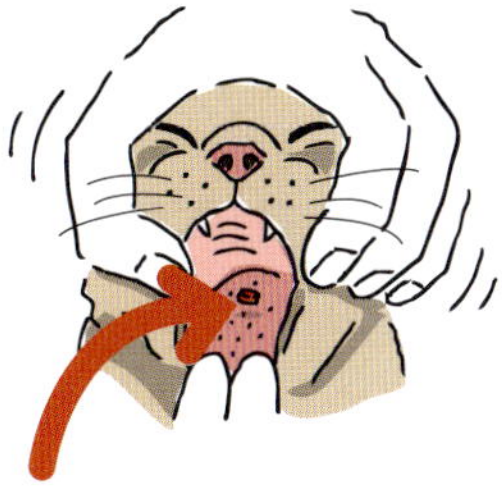

② 薬を口の中に入れる

指先で薬をつまみ、猫の口の中に入れます。できるだけ舌の奥に入れましょう。
※噛まれないよう注意します。

※カプセルも同じ方法で飲ませます。

② 飲み込ませる

薬を口の中に入れたら、口を閉じて頭を上に向け、ノドをさすって薬を飲み込ませます。

飲み込まず、口の奥に薬が隠れていることがあるので、確実に飲み込んだか様子を見ます。

その後、水を飲ませましょう。

■処方された薬を確実に飲ませられるよう、練習しましょう。
■嫌がるときはバスタオルなどに包むと飲ませやすいです。

<液剤を飲ませる>

① 薬の準備

シリンジ（針のない注射器）を使いましょう。絵のように持つとスムーズに飲ませられます。
※スポイトでも代用できます。

② 口を開ける

猫の頭を固定し、上唇の両側を持って口を開けます。シリンジに液剤を入れてから、口を開けます。

③ 薬を口の中に入れる

犬歯と口角の間にシリンジを入れて、シリンジの中の液剤を少しずつ押し出します。

29

自宅で上手にケアしましょう ②点眼の方法

猫にもときどき起きる目のトラブル。結膜炎や角膜潰瘍など、意外に多くの目の病気があります。そこで、目薬の点眼が必要になります。上手にできるコツを知って、確実に点眼できるようにしましょう。

目薬は目を傷つけないように気をつけて

〈目薬を上手にさすポイント〉

・素早く行う
・顔を上に向ける
・後ろからさすこと

可能なら二人がかりで、猫を押さえておく人と目薬をさす人と役割分担して行うと良いでしょう。逃げら

＜点眼薬をさす＞

① 先に点眼薬の準備

目薬のふたをとって準備してから、猫を捕まえます。
じっとしていないときは、身体をバスタオルなどで包み、頭だけを出します。

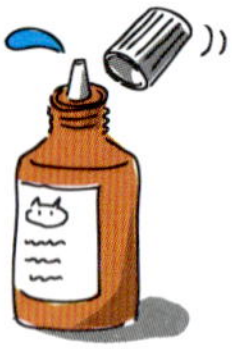

② 顔を上に向ける

猫の額を上に向け、まぶたを指先で上にひいて目を開けさせ、後ろの方からさします。
※眼球に、目薬容器の先があたらないように注意します。

③ 点眼後は目を閉じる

点眼したら目を閉じさせ、目の周囲を軽くマッサージします。
※はみ出した薬液はティッシュペーパーなどで拭き取ります。

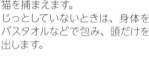

れないように、バスタオルで身体を包むなどは投薬と同様です。目薬に慣れない猫は、さした途端に驚いて必死に逃げていくことがあるので、その際に引っかかれたりしてケガをしないように注意が必要です。

■点眼は、素早く、後ろから目に直接入れるのが基本です。
■嫌がるときは、バスタオルなどで包むのも有効です。

<軟膏をぬる>

① 軟膏を先に出しておく

チューブから5mm ほど軟膏を出し、その後に猫を捕まえます。
嫌がるときは、目薬のときと同様にバスタオルなどを使います。

② 顔を上に向ける

猫の額を上に向け、目尻から薬を入れます。
※容器が目にあたらないように注意しましょう。

③ 目を閉じさせる

目を閉じて軽く押さえ、薬をなじませます。
※はみ出した軟膏は、ティッシュペーパーなどで拭き取ります。

30

自宅で上手にケアしましょう ③皮下点滴をする

下痢をして脱水するなど水分が不足する状態では、皮下点滴は効果のある処置方法です。体内に穏やかに吸収されるのが特徴ですが、自宅で行うには少々コツが要ります。

皮下点滴は練習すれば、多くの方ができるようになるので、かかりつけの動物病院で指導を受け、自宅でできるようにするのも猫にとっては良いでしょう。猫は身体の皮膚と筋肉の間にスキマがあります。皮下点滴は、そのような皮膚と筋肉の間に輸液を入れて体内に吸収させる方法です。

さまざまケースで有効な皮下点滴

皮下点滴が必要はどうかは脱水の程度で判断します。継続的に行う必要がある場合は、できれば自宅で皮下点滴を行う方が、通院のストレスもありませんし、数分程度で終わるので、長時間、猫を拘束する必要もありません。

■皮膚と筋肉のすき間に針を入れて、輸液を入れます。

■自宅で行なえば、通院のストレスがないので、愛猫に優しいケアです。

① 点滴の準備

注射針を打つ位置を決めます。針は肩の辺り(肩甲骨の間周辺) の皮膚が余っているところにさします。親指と人差し指でつまむようにして、皮膚を持ち上げます。

点滴の輸液は、冷たいままではなく、人肌程度に温めておきます。

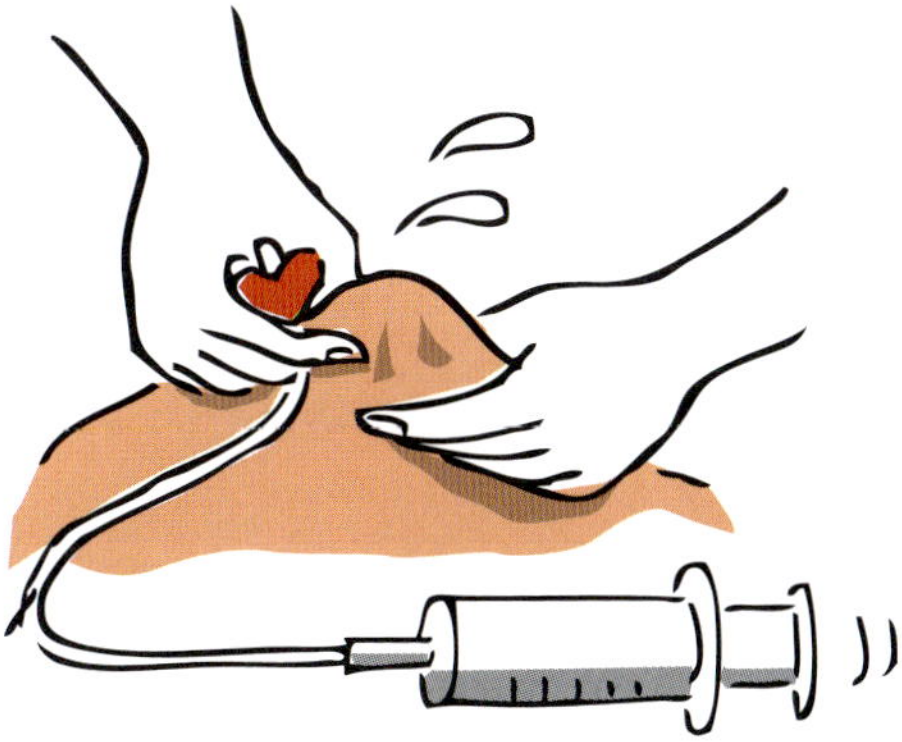

② 針をさす

ゆっくりと根元まで針をさします。針の根元を持って 45 度から 60 度の角度にさすと安定します。そしてゆっくりと輸液を注入します。

大きめのシリンジか、人用のチューブの付いた点滴針と輸液パックを使用します (動物病院によって異なる)

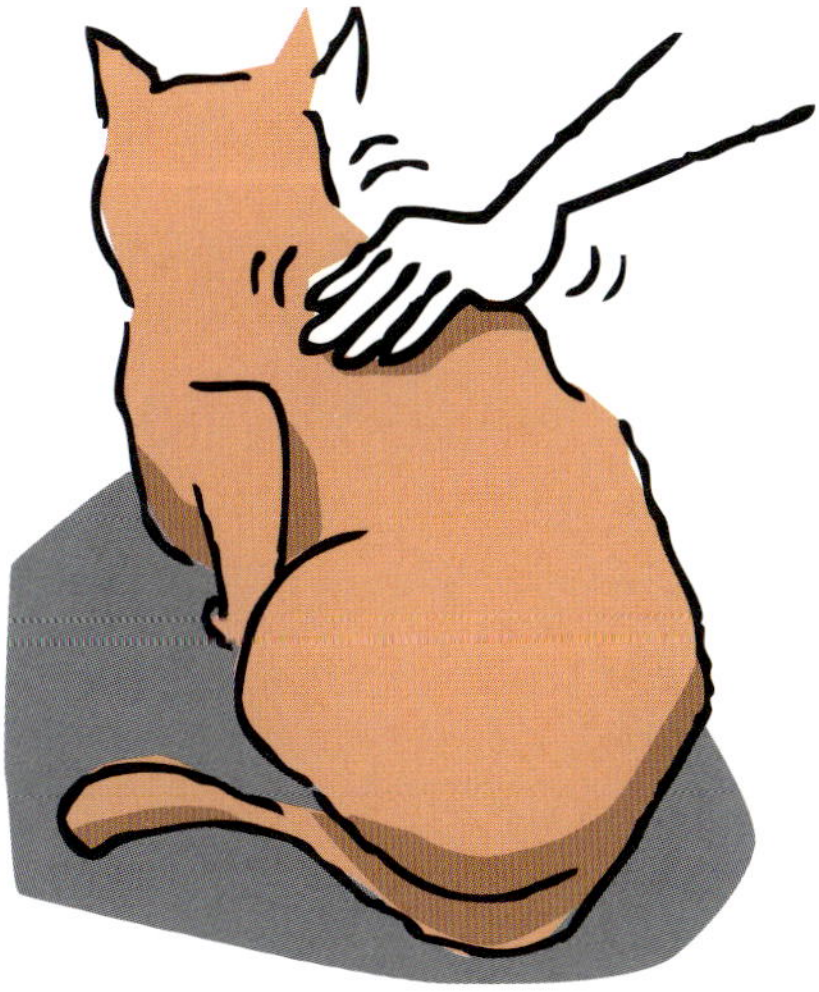

③ 終わったら、針を抜く

針を抜いた後、針のささっていた箇所を少しの間つまみます。

必ずかかりつけの動物病院の指導を受け、点滴の量や回数などの指示を受けてください。

31

食べないときは できるだけ食事を補助しよう

病気が進行したり、元気がなく食欲がないときは、獣医師の指導のもと、食事を補助しましょう。食べないと体力が落ちてしまい、身体がさらに弱ってしまいます。

食べないときは補助して食べさせることが必要な場合も

フード自体はいつも食べているものを与えて大丈夫です。

もし単に口が痛いなどの場合はドライフードを水でふやかして、口のところに持っていくだけで食べることもあります。それでも食べないようなら、シリコンのスプーンなどを使い、水を加えて少し柔らかくした缶詰などのウエットフードを与えます。あるいは、シリンジに同じように水を加えて柔らかくした缶詰などのウエットフードを入れ、口の中に入れてゆっくりに食べさせます。フードは予め少し温めておきます。

■食べないと体力が低下するので、できるだけ食べさせましょう。
■シリンジで食事を与える場合は、ゆっくりペースを見ながら行います。

<シリンジを使った食事補助>

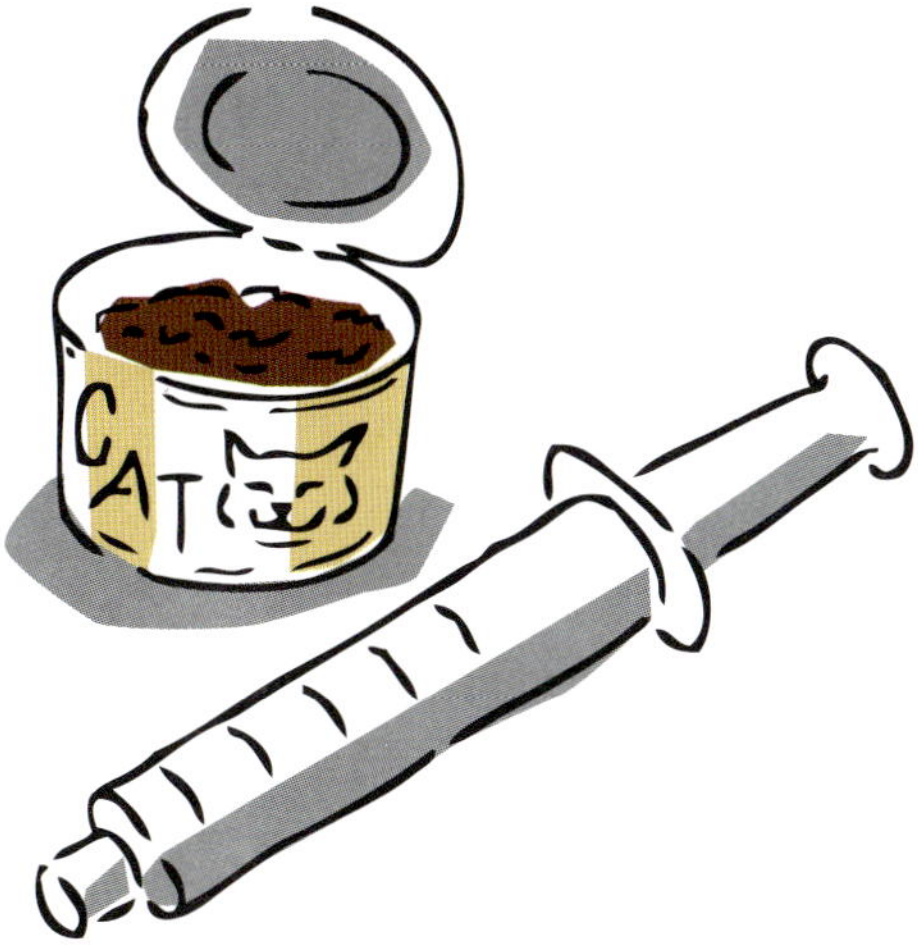

① シリンジの中にフードを入れて準備

猫をバスタオルなどに包み、口の端にシリンジを差し込みます。

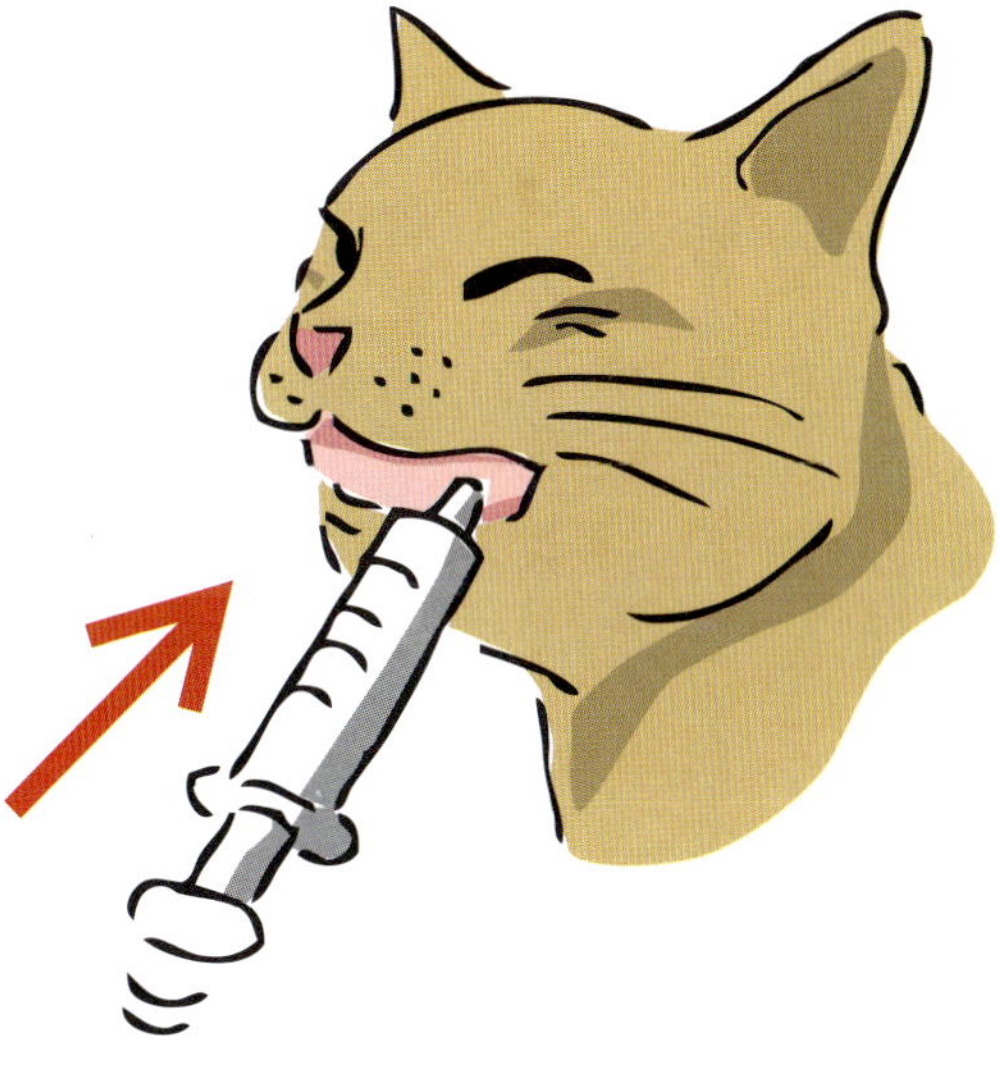

② 角度は上アゴにむける

フードは舌の上に注入できるようにします。

※一気に入れると、口の中からこぼれてしまうので注意しましょう。

③ 数滴ずつ入れる

舌でぺちゃぺちゃと舐めるように飲み込めるペースで入れます。

※たくさん一度に入れると、吐いたり咽せたりするので気をつけて。

無理に行うと危険なので、必ず獣医師の指示のもとに行ってください。

32

場合によっては鍼灸治療や民間療法を考えても

西洋医学以外にも、健康増進を目的としたいろいろな民間療法があります。続けることで効果が実感できるものもあります。

西洋医学の薬以外にも効果がありそうなものも

西洋医学でも、さまざまな治療法や薬が全ての症例に効果を発揮するわけではありません。そのようなときには、その他の治療により、状態が改善することもあります。多大な期待は禁物ですが、信頼できる獣医師などと出会えるようなら試してみても良いでしょう。

病気によっては効果が期待できる鍼灸

動物と鍼灸に関する研究はそれほど明らかになっていません。鍼灸治療が適用されるのは、慢性痛の原因になりやすい「悪性腫瘍」、「変形性関節症」といった疾患です。

しかしこの治療法を採用している

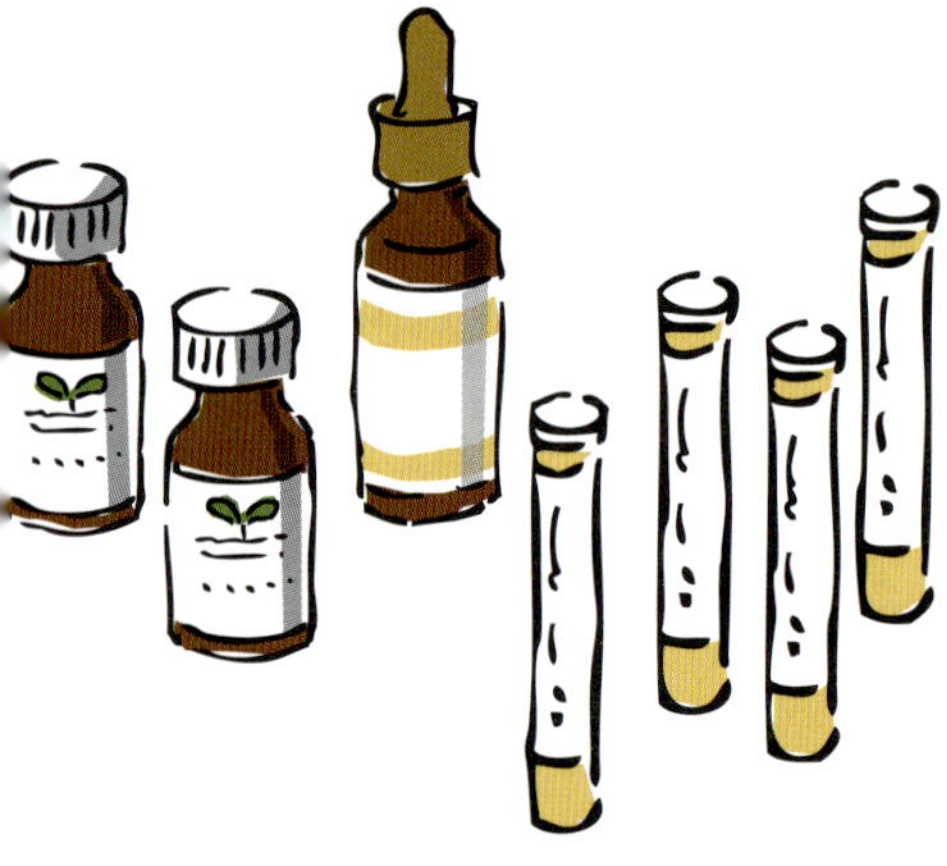

動物病院自体がそれほど多くないのが現状です。

その他、いろいろな療法がある

鍼灸以外にはサプリメント、漢方薬、ハーブなど、いくつもの療法があります。人に効果があるなら猫にもあるのではと思うかもしれませんが、簡単に使ってしまうのは非常に危険です。

もし興味がある場合は、信頼できる専門家に相談し、副作用の少ないものから試してみましょう。漢方薬やハーブなどは猫にとっては毒性のあるものがあるので、くれぐれも自分の判断で手を出すのは止めましょう。

■西洋医学以外のアプローチを取ることで症状がやわらぐことも。

■獣医師と相談して、効果が期待できるものは採り入れてみても良いでしょう。

さまざまな民間療法があるので、
調べてみても良いでしょう

33

通院はストレスを少なくすることが大切

猫は環境の変化に対して、非常に強いストレスを感じやすい動物。そういう猫の習性からも、動物病院は猫にとってかなりのストレスになります。

慣れたキャリーでストレスを軽減する

通院時には必ず猫をキャリーに入れて行きましょう。その方が猫にとっても安全です。そのとき、病院に行くのがいつも入っているキャリーなら、猫にとって安心できる空間。猫にそのように思ってもらえるよう、普段から通院用キャリーは、扉を開けていつでも入れるようにしておくのが効果的です。中にタオルや毛布を敷いておくのも良いでしょう。特に冬は体温維持が難しくなっている高齢の猫には必須です。キャリーの素材はプラスチック製

上部とヨコに扉のあるキャリーは便利

上の扉を開けると、猫を出しやすい

のものが、出し入れがラクです。ヨコ開きのもの、上に出入り口があるものなど、さまざまなタイプがありますが、可能ならヨコと上の両方に開くタイプのものが診察台で猫を出すときに便利です。

待ち時間が長くならないよう、予約するのも方法

待合室に長い時間いるのも猫にとってはストレスです。予め電話をして、可能なら予約をして行くのも良いでしょう。また、待合室で猫だけでなく犬がいると、吠える声などを聞いて、さらにストレスになることも。選べるのであれば、猫専門病院や、猫専用待合室のある動物病院を探して行くのも良いでしょう。

電車で通うならラッシュ時を避ける

猫は、人の気配や大きな音、知らない匂いなど、未知のものに恐怖を感じ、強いストレスを受けます。混雑する電車はその筆頭とも言えます。動物病院が徒歩圏になく電車で移動する場合は、通院する時間はできるだけ通勤通学のラッシュ時間に遭わないよう、空いている時間帯を選びましょう。もちろん、キャリーに入れておきましょう。中で暴れるようなら洗濯ネットに入れてから、キャリーに入れても良いでしょう。急に暴れて、万一キャリーの扉が壊れても猫が逃げてしまう危険を防げます。

いつも好きなときに入れるよう、キャリーは扉を開けておきましょう

- ■通院は慣れたキャリーに入れて連れて行きましょう。
- ■予約できる動物病院なら、予め予約した方がスムーズに受診できます。

高齢猫リポート

闘病中猫編

トントンくん

13歳（オス）

外で暮らしながら2つの病気と闘ってきたトントン

トントンくんが杉山さんの家の猫になったのは、つい最近のこと。それまでは外で暮らす飼い主のいない猫でした。杉山さんの自宅近くのアパートが老朽化のため取り壊しされることになり、そのアパートに住んで、猫たちにごはんをあげていた人も立ち退きを迫られました。そこにいた多くの猫の大部分は動物愛護団体に保護されましたが、トントンくんは高齢のため行き場がなかったのです。杉山さんもその保護に関わっていた関係から、お家のないトントンを迎えることにしました。

「保護したときから歯がほとんどなく、かなりの年齢だと思われました。でも、外で暮らしていたのにとても人懐こくて可愛い性格だったんですよ」

保護した後に動物病院で診てもらったところ、猫エイズ陽性で、慢性腎臓病と糖尿病を併発しているという状態。杉山さんは「よく外で生きていたものだ」と思ったそうです。

現在は、インスリン投与と皮下点滴が欠かせません。朝、ごはんを食べさせた後にインスリン注射。その後に最低でも1時間空けて、皮下点滴。そして夜の食後にまたインスリン注射をうっています。また、週1回、

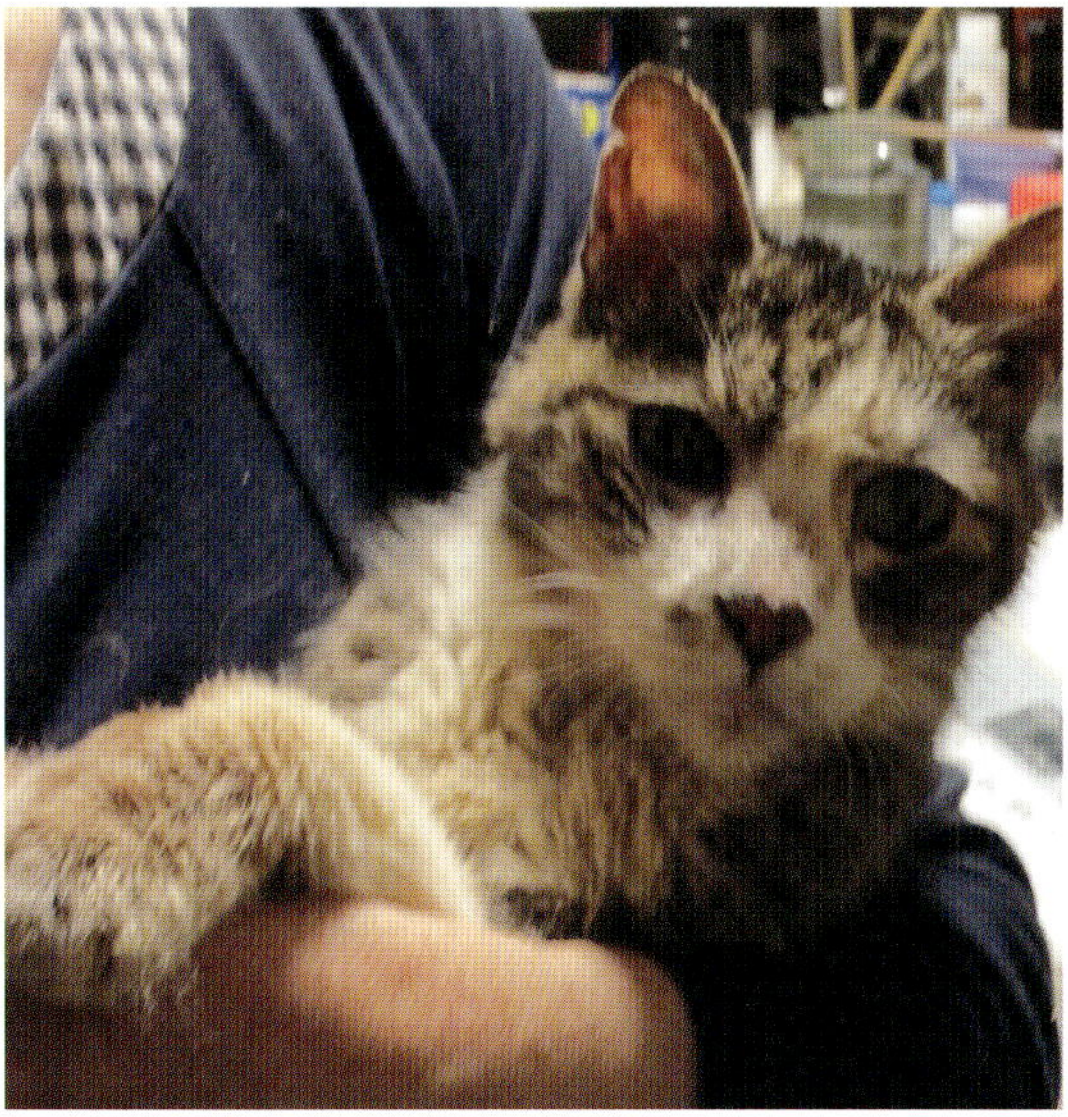

動物病院で血糖値を計り、インスリンの量を決めてもらっています。

「幸いにもエイズは発症していないようです。毎日のケアは大変ですが、トントンは本当に性格が良くて人懐こく、獣医さんにも可愛がってもらっています」

高齢になるまで大変な猫生を過ごしてきたトントンくんですが、今はとても大事にされています。

クリスマスに出会った かわいいプレゼント

2011年のクリスマスイブ。ご近所を歩いていた大田さんは、寒そうに座っている1頭の猫を見かけました。そのときは前を素通りしてしまいましたが、何だか気になり、帰りに同じ道を通ると、猫はまだその場にいました。猫の目の前に干からびたパンが置いてあったのを

ノエルちゃん
11歳（メス）

見た大田さんは、もう可哀相でたまらない気持ちになり、家に連れて帰ろうと決めました。しかも、どうやら飼い猫だったらしく、人懐こくて抱っこして連れ帰れたそうです。それが、ノエルちゃんで、クリスマスに因んで命名しました。

保護したときは特に何も健康に問題はなかったのですが、少し経つと咳が気になるように。そのうち、症状が酷くなってきたので動物病院で診てもらったところ、喘息と診断されました。この病気は完治することはないそうで、いわゆる対症療法のみです。現在は吸入器による吸入を朝晩2回。さらに4種類の薬を飲んでいるそうです。

「治らないとは言われていますが、発症した当時はレントゲンを撮ると肺がほとんど真っ白に映っていて驚きました。でも今は少しだけですが黒いところが出てきたので、多少はラクになったかなと思っています」

人懐こい性格で、誰にでも愛想の良いノエルちゃんですが、少しの刺激で発作が起きて咳き込むことも多く、咳き込んでは食べたものを吐いてしまったり。見ていても辛いときがあるそうです。

これからも治ることはないけれど、なるべく穏やかに、喘息の発作が起きないように見守って行きたいと大田さんは思っています。

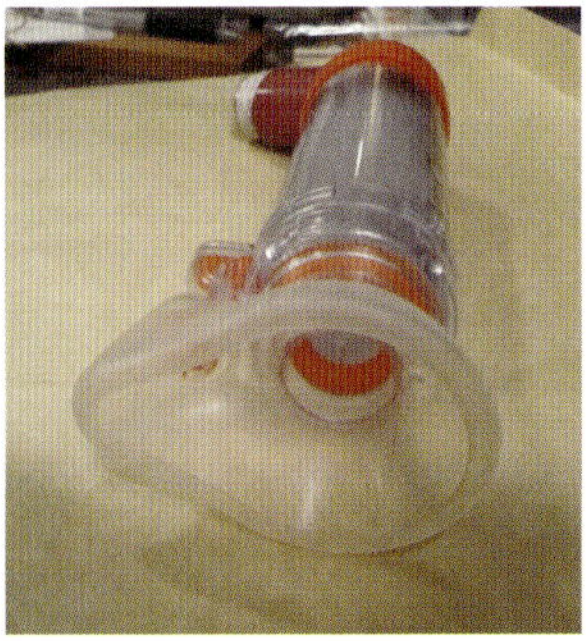

ノエルちゃん愛用の喘息用吸入器

第4章

看取りの日が近づいたときの準備

悲しいことですが、いつかは猫を看取る日は訪れます。
その日を迎えたとき、家族はどういう風に向き合えば良いのでしょうか。
心構えとしては、どのように覚悟すれば良いのか。
そして、どういう風に愛猫を見送ればお互いが幸せなのでしょうか。
答えはいくつもありそうです。

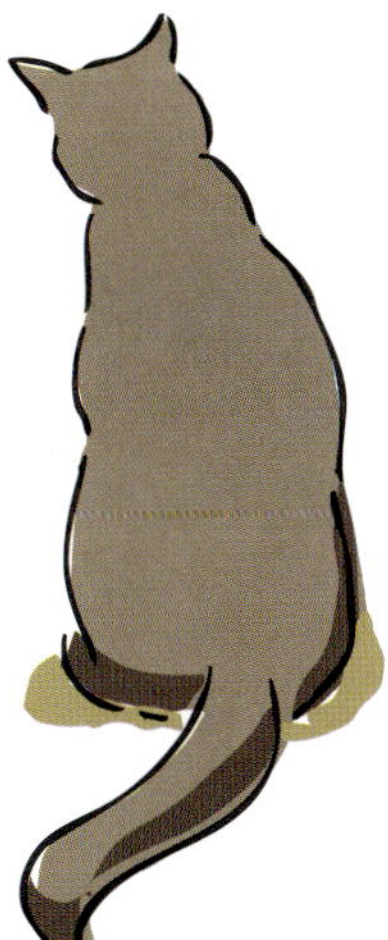

34

愛猫の幸せを第一に考えて治療を決めましょう

治療にはいろいろな選択肢がありますが、どれが正解でもないでしょうし、どれが悪いとも言えません。それぞれの猫によっても状況が違いますし、飼い主の価値観や考え方もいろいろあるからです。

完璧な治療はないので愛猫の幸せを考えて選ぶ

例えば、愛猫がガン（悪性腫瘍）になったとして、どのような治療を選択しますか。外科手術はせずに、薬で痛みを取りながら家で過ごさせる、あるいは痛みの原因であるガンを取り除くため、手術や抗がん剤を使うというケースも考えられます。

猫の死についても同様で、できるだけ苦しまないで最期まで過ごしてくれれば良いと思うと同時に、できれば少しでも長く生きてほしいとも思うかもしれません。

愛猫の治療や死の迎え方については、どこで最期を看取りたいのか、そして、どんな風に見送りたいのかなどの視点から考えてみてはどうでしょう。正解はありませんが、家族みんなが納得することがいちばん良いでしょう。

経済的なことも考慮する

猫にも最近は治療費を保障してくれるペット保険などが出てきましたが、それも無制限に保障してくれるわけではありません。全治療費の何割か、あるいは上限金額が決まっているものがほとんどです。

人と比べて、医療費の補助を目的とした健康保険がない分、治療費は長い闘病になればなるほど大きくなり、飼い主の負担も増してきます。治る見込みが少ない病気にかかっている場合は、どのくらいの負担が必要なのか、予め知っておきたいものです。特に進行を遅らせる、痛みや苦しみを緩和するにはどんな治療があり、費用はどのくらいかかるのか、獣医師にたずねてください。

　また選んだ治療によって起こる猫の状態、それをどのくらい続けることが可能か、その後の経過なども確認しましょう。負担できる金額に限界がある場合は、その旨を獣医師に告げ、その中でどのような治療が可能なのか相談してください。そうして、よく考え、最期まで後悔のない見送り方を選択しましょう。

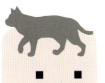

- ■費用のことも考えて、治療については獣医師と相談しましょう。
- ■家族みんなが納得できる治療方法を選択しましょう。

猫の治療については、獣医師とよく話し合いましょう

35

いつか訪れる日のために知っておきたいこと①

猫は高齢になってもシワが増えたり、白髪になったり、腰が曲がってしまうという状態になることは少ないです。容貌も様子も、家に迎えたときの愛らしいままですから、なかなか猫が死ぬということを実感として持てないかもしれません。

いつか死を迎えることを覚悟する

幼いときに家族になった猫なら年齢は分かりますが、大人になってから家に迎えた猫はだいたいの年齢しか分からないものです。しかし、猫も命のある生き物なので、どの猫にも必ず死は訪れます。特に歳を重ねた猫はもうそんなに遠くない時期に

猫が 15 歳くらいになったら、どんな看取りにするかを検討しましょう

死を迎えることを考えておきましょう。15歳くらいになったら、猫の平均寿命に近いですし、何があってもおかしくありません。

残りの時間が少ないのなら、その日々を大事にしようと考える方が前向きです。

当然ですが、猫の死の迎えた方にはいろいろな原因があり、どういう状況になるのかもそれぞれです。ある猫は寿命を全うしてフッと火が消えるように亡くなるかもしれません。また不治の病気にかかってしまうことも、ある日突然に亡くなってしまうこともあるかもしれません。

そのときには、どういう気持ちで迎えるのか、金銭的にはどこまでのことができるのかなど、普段からよく考えておくことで、悔いのない、より良い看取りができます。

これという理由もなく亡くなる老衰

特別に重篤な病気にかかっているわけでもないのに、だんだん痩せてきて、食も細くなり、いつか寝たきりになって静かに永眠する。こういう亡くなり方は、老衰だと考えられます。立てなくなり、自分でトイレにも行けなくなるような状態になったら、もうそんなに残りの時間はないかもしれません。このまま家で逝かせた方が良いのか、それとも動物病院で治療を受けた方が良いのか。それは猫の状態にもよりますが、最終的に家族が判断しなくてはいけません。人には仕事や学校、用事などもあり、ずっと側に付いていることが難しい場合もあるでしょう。家に独りで置いておいて、その間に息を引き取っているというのも後悔が残りそうです。いくつかの可能性を考えて、家族全員が納得のいくようにするのが、猫にとってもいちばん良いでしょう。

■15歳くらいになったら、猫の平均寿命に近いのでいつか訪れる日を意識しましょう。
■最期の日をどういう風に迎えるか考えておくのが、より良い看取りになります。

36

いつか訪れる日のために知っておきたいこと②

治る見込みがない病気や突然の死。いずれの場合も辛い気持ちで過ごさなければならないでしょう。冷静に受け止めて、決して後悔しないことが大切です。

治る見込みのない病気の宣告を受けたら

なんとなく元気がないからと動物病院で受診したら、治る見込みのない病気を宣告された。あるいは、白血病キャリアである猫が、病気の発症を宣告された。こういう場合は、これから始まる闘病生活とその先にある永遠の別れを覚悟しなければなりません。診断に疑問があれば、納得がいくまでセカンド・オピニオンを求めても良いでしょう。

冷静に病気の現実を受け止め、どんな治療方法があるのか、これからどんな症状が出てくるのか、どうすれば進行を遅らせることができるかなど、その病気についてしっかり知識を持つことが大切です。また治療期間が長くなると、治療費もかかり

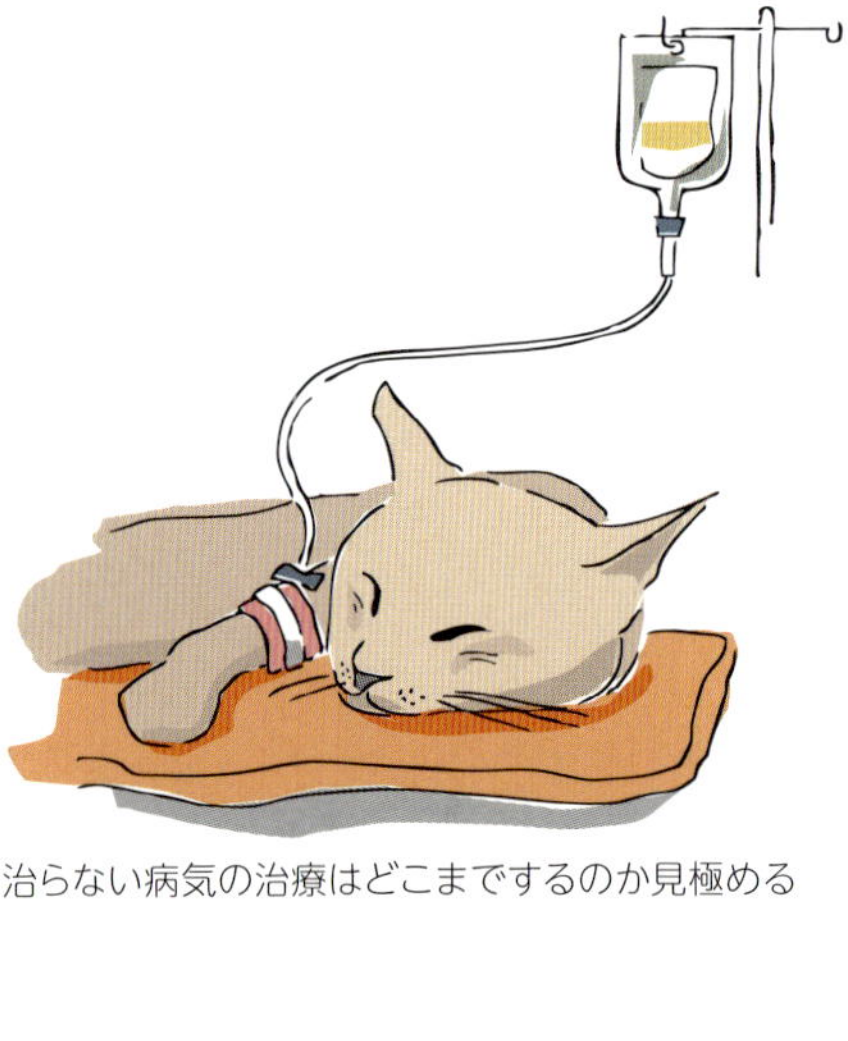

治らない病気の治療はどこまでするのか見極める

ます。だいたいどのくらいの金額が必要になるのかも動物病院で説明を聞いておきましょう。獣医師は、病気の状態、選択できる治療法、専門医での治療などを説明してくれるでしょう。納得のいかないこと、分からないことは、理解できるまで説明を受けてください。

また、猫を飼っている知り合いや、その友人などで同じ病気の猫を飼っている人、亡くした人がいたら話を聞くのも良いでしょう。もちろん、猫にもそれぞれ個体差があるので、個人の話を鵜呑みにしてはいけませんが、参考にはなるはずです。

つまり、病気を受け入れ、正しく理解し、覚悟することです。そうすれば、永遠のお別れのその日にも、穏やかに見送りができるでしょう。

突然の別れを冷静に受け入れるために

いつものように朝は元気にしていたが、足もとにうずくまっていると思ったら、もう息をしていなかった。昨日の夜まで普通に過ごしていたのに、朝起きたら冷たくなっていた。こういった突然死のケースでは、飼い主は呆然とするしかないでしょう。また心に受けたショックも計り知れないものがあります。信じられずに泣き続けたり、自分を責めてしまう人もいるかもしれません。

もちろん、すぐにできることではありませんが、ゆっくり時間をかけて冷静に受け止めるよう努力しましょう。突然の別れを少しでも冷静に受け止めることができたら、亡くなった愛猫もきっと安心してくれることでしょう。

■不治の病気になったら、今後の治療と病気の知識を身につけましょう。

■突然の死は、時間がかかってもゆっくりと冷静に受け止めていきましょう。

37

どう看取るかを家族で協議しておきましょう

もう余命があまりないという状況になったら、どうすれば良いでしょうか。迷いが尽きないようなら、どんな風に看取りたいか考えてみるのも良いでしょう。家族でよく話し合っておきましょう。

猫はどうしてほしいかを考えて心の準備

余命がもう残り少なくなった猫の最期はどうすれば良いのか。それについての正解はありません。人はそれぞれ死についての考え方が違います。

人の顔が全部違うように、それぞれの人が違う考え方を持っています。それは家族であっても同じでしょう。ですから、猫の最期をどのように迎えたいかは、家族でよく話し合ってください。ずっと一緒に暮らしてきた猫です。猫の気持ちや性格も考えて、よく協議しておきましょう。

なかなか結論が出ないようなら、ちょっと視点を変えてどんな見送り方をしたいのかと考えてみるのも良いでしょう。動物病院で最期を迎えることに決めたとしたら、家族みんなで立ち会うのか、それとも万全の治療はできなくても、最期は家族の側で死を迎えさせたいのか、そこから考えてみましょう。いくつかの選択肢を絞り込んで、可能な状況を見ながら、決めるのも良いでしょう。

インターネット上には、猫を看取った人たちの思いや意見がたくさん見られます。そういう書き込みを参考にしてみるのも良いでしょう。「病院で、できるだけの治療は受けた」とか「自宅で腕の中で亡くなった」など、さまざまなエピソードが見つかります。その日が訪れたときに慌てないように、心の準備をしておくことが大切です。

家族が決めたことに間違いはない

猫の病気が進行したり、状態が良くなくなってくると、「もっとできることがあったのでは」と思ったり、「何が悪かったのか」と後悔したり、自分も責めることがあるかもしれません。しかし、ずっと家族として暮らしてきた飼い主は、愛猫の最も身近な理解者でもあります。飼い主以上に適切な判断を下せる人はいません。

例え経済的な理由で、治療の選択肢が限られてしまっても、愛猫があなたを恨むことはありません。それぞれの家庭にあった最期の迎え方があります。猫のためにできることは全て力を尽くしたのなら、猫もきっと天国で感謝しているでしょう。

- ■どんな見送り方をしたいかを家族で考えて決めましょう。
- ■決めたらどんな結果になろうと後悔しないことが大切です。

愛猫の最期は家族でよく話し合っておきましょう

38

安楽死についても考えておくことが大切です

日本では安楽死はあまり一般的ではありません。一方、欧米では苦しみを取り除いてあげるという理由で受け入れられています。死に対する考え方の違いが如実に表れているのかもしれません。獣医師の間でも賛否両論があります。

安楽死は眠るように息を引き取る

安楽死は、主に鎮静剤などの薬剤を投与し、眠るように意識をなくした後、命を絶つ薬を投与します。猫は眠っているため、苦しみを感じることはありません。

もし万一、安楽死を選択する可能性があれば、今、受診している動物病院の獣医師に、安楽死に対する意見を聞いておきましょう。もし安楽死を選択した場合、絶対に安楽死はしないというタイプの獣医師の場合、土壇場で受けてくれない可能性もあります。

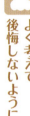

よく考えて後悔しないように決める

絶対に安楽死を選ぶことはないと固く決めていても、病気が重くになって酷い苦痛が続く、痛みが継続するなどの事態になったら、心が揺らぐこともあるでしょう。

インターネットを検索すると、ブログなどで「安楽死」についての意見や安楽死を選択した飼い主の経験談などのさまざまなエピソードが見られます。もし安楽死を選ぶことも視野に入るようになった場合は、そういう経験談などに目を通してみましょう。それらをじっくり読んでみるだけでも、やはり止めようと思うのか、これなら決断した方が良いなど、自身の気持ちを決めるのに役立ちます。

　そうして安楽死を選択した場合でも、しなかった場合でも、よく考えて出した結論なら、決して後悔しないでください。家族がみんなで相談して「こうしよう」と決めた結論なら、愛猫も納得してくれるでしょう。安楽死を決めたら、その日には立ち会って、腕の中で旅立たせてあげてください。きっと猫もやすらかに眠ることができるでしょう。

- ■安楽死を選ぶ可能性があるなら、獣医師に依頼できるか確認をしておきましょう。
- ■安楽死を選択した場合は、必ず立ち会ってあげましょう。

安楽死について、獣医師とも話し合っておきます

39

必要になったら排泄の介助をしましょう

愛猫が動くのも億劫なような状態になったら、トイレに行くのも大変になります。そうなったら、トイレ環境を見直しましょう。そういったことから、猫の看取りための心の準備を始めましょう。

使いやすいトイレづくり、介助を適切に行う

トイレの縁をまたげなくなったらペットシーツを代用すると良いでしょう。ペットシーツの上にいつも使っている猫砂を敷いておけば、猫はそこがトイレだと認識します。猫がどこでも排泄できるよう、ペットシーツトイレを家の中の何カ所かにつくっておきます。

■足腰の筋力が衰え、歩くのも大変になったら

抱っこしてトイレに連れて行ってあげましょう。猫はトイレのタイミングをつかむのが難しいのですが、中には用を足したくなったらそわそ

お腹を上にして「の」の字を描くように優しくマッサージを

わする様子を見せて、分かりやすい子もいます。そういう子なら、そわそわのトイレ・サインを見つけてトイレに連れて行きます。普段から猫の様子を観察し、トイレのタイミングを把握しておくのも良いでしょう。

■トイレで用を足すときは

猫はできるだけ自力で排泄したがるので、トイレで排泄する際は、猫の腰をそっと支えて介助します。ちゃんとできたら、やさしく撫でながら誉めてあげましょう。

なお、自力で出すことはできず、オシッコが出ない場合は膀胱の周辺を優しく押してオシッコを出す圧迫排尿という方法もありますが、間違った方法で行うと危険なので、自分の判断で行ってはいけません。必ず獣医師の診断を受け、圧迫排尿が必要と診断されたら、やり方の指導を受けてから行ってください。

便秘にはお腹のマッサージや他の方法も

排便の際に力むことが難しくなるので、便秘になりやすくなります。もし3日以上便が出ないようなら、お腹をやさしくマッサージし排便を促します。腸はひらがなの「の」の字に似た形になっているので、指の腹でお腹に「の」の字を描くように優しくマッサージします。それが難しいようなら、上から下へマッサージしましょう。

マッサージを嫌がる猫には、オリゴ糖や整腸剤を与えると調子が良くなることがあります。量が多くなりがちなので、動物病院で相談しましょう。

また、抵抗力が弱くなっているため、感染症にかかりやすくなります。トイレを済ませたあとは細菌が繁殖しないよう、市販されているお尻拭きウエットシートやぬるま湯で湿らせて固く絞ったガーゼなどでお尻まわりをきれいに拭きましょう。

仰向けにした状態で、お尻を拭けばしっぽを持ち上げなくて済むので、猫にとってもラクです。

■トイレに行くのが大変になったら、介助することも大切です。
■便秘にはマッサージやオリゴ糖などが有効なことも。

40

寝たきりになったときの準備をしよう

足腰が弱り、立てなくなってしまったら、快適に過ごせる環境を整えることも必要です。また食事の与え方にも配慮して、できるだけ気持ち良く過ごせるようにしましょう。

柔らかなベッドを用意する

寝たきりになったらまず考えたいのが、柔らかなベッドの用意です。毛布やフリースなどを使ってフワフワにしても良いのですが、些細な凹凸ができればベッドについている身体の部分が変わって、体重が一部に集中してしまう可能性があります。その点では介護に適しているのは**低反発のマットレス**。排泄や吐物で汚してしまうことがあるので、はっ水加工してあるシーツやトイレシーツなどを上に敷いてから寝かせます。

食事や排泄にも気を配る

食事介護では、伏せのような姿勢にしてフードを与えます。横向きに寝たまま、首から頭だけを持ち上げて食べさせると、気管に食事が入ってしまい誤嚥性肺炎を起こす危険があります。

また食べものを飲み込む力も衰えているので、食事は少量ずつ与えます。

寝たきりになってしまった猫が、いつトイレに行きたいかのタイミングを伺うことは難しいです。そこで、オムツを使うか、身体の下にペットシーツを敷いて対応しましょう。

ペットシーツは下にしている方の身体も一緒に汚れてしまうので、汚れたらその都度取り替え、身体の汚れはぬれタオルなどで清潔にします。

人の介護と同様に、猫の介護も続くと疲労がたまります。心身ともに疲れてしまわないよう、家族が交代で行うか、たまには動物病院に頼っても良いでしょう。ずっと家族だった愛猫には、最期まで心地よく、安心して過ごせるよう工夫しましょう。

■寝たきりになったら、柔らかなベッドに寝かせましょう。

■トイレに行けなくなったら、オムツを使うのも良いでしょう。

寝たきりになった愛猫には常に目配りが必要

高齢猫リポート

看取り猫編

さとちゃん

享年14歳（メス）

原因不明の病気で衰弱。腕の中で静かに見送った

河原の茂みにうずくまっていたところを保護された、さとちゃん。ご縁があって後藤さんのお家に迎えられました。さとちゃんはプライドが高く、他の猫とは仲良くなれない性格で、誰かが来ると隠れてしまうので幻の猫と言われていたほど。しかし、あることがきっかけで甘えん坊のお喋り猫になったそうです。

病気の始まりは「あれ、下痢してる?!」。そして、どんどん痩せていったそうです。毎日体重を測り、その度にため息をつきながら、いろいろなフードやおやつを試しましたが、下痢は止まらず。毎日ステロイド、皮下点滴にも通いましたが、効果があったのは最初の4日ほど。

「それでも、さととの別れを覚悟できない私は、さとの命に執着してしまい、嫌がるさとを無理矢理治療に通わせました。ステロイドの副作用で食欲が出るので、そのときはたくさん食べてくれますが、また下痢が始まって。それなら、自然な食欲に任せようと治療に通うのを止めました」

それから一週間後の2015年終わり、さとちゃんは静かに亡くなりました。最後に食べた大好きなお刺身だけは下痢することなくお腹に納め、最期は後藤さんの腕の中で3回ほどふ～っと深く呼吸をしたそうです。

　亡くなった時は嘘だ、呼べば目を開けてくれる、こんな日がこんなに早くくるなんて思わなかった、もっと撫でてもっと抱っこしてもっと名前を呼べば良かったと後悔ばかりだったそうです。

　でも今は「私はさとの最期を見届けることができた。さとの立派な最期を私も見習おうとさえ思いました。お別れのその日のため、後悔しないように、今いる猫たちの名前をたくさん呼んで、撫でて抱っこしてお話ししよう」と後藤さんは決めています。

今も思い出す鳴き声や姿。まだ喪失感は大きい

　年齢不詳だったグレくんをお家の子に迎えて10年後の2016年の夏。宮森さんはグレくんを看取りました。

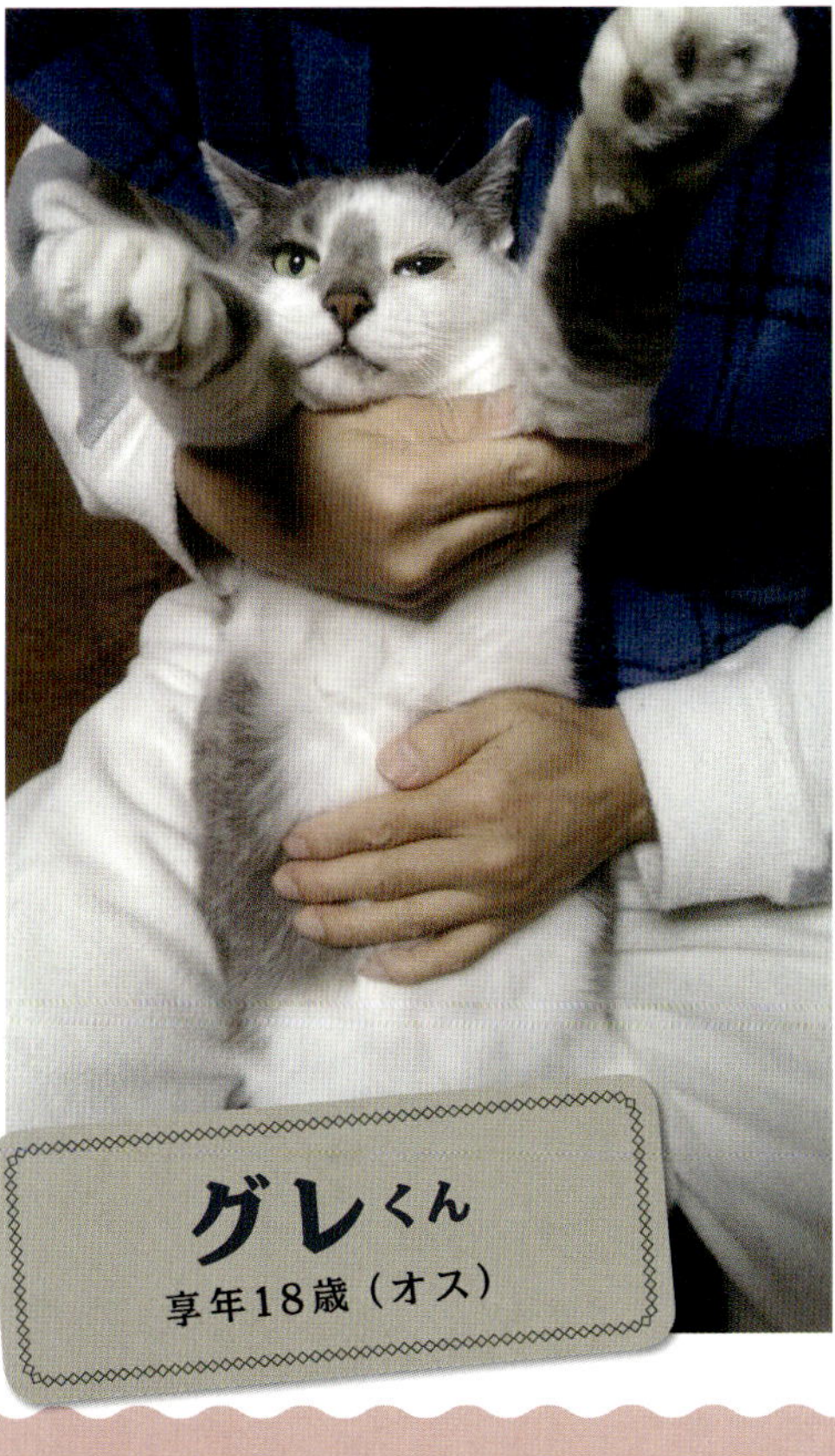

グレくん
享年18歳（オス）

そもそもグレくんは、ご近所に居着いていた飼い主のいない猫。その頃、まだ宮森さん宅の周辺には、たくさん飼い主のいない猫がウロウロしていました。その後、周辺の猫を一斉に保護する取り組みが動物愛護団体でされ、グレくんも去勢手術後にリリース。地域でごはんをもらっていました。

そんなある日、ケガをして現れたグレくんを見過ごせず、捕まえて治療したのがきっかけで、グレくんは宮森さんの家に迎えられました。

その後10年が経ち、すっかり穏やかになったグレくんは宮森さんご夫妻に可愛がられ、同じベッドで眠るほどに馴染みました。

2016年になってからはだんだん弱り、亡くなる一週間前くらいには元気がなく、何も食べなくなったそうです。歩いていてもフラフラした様子だったとか。

あまりに食欲がないので、数日後に動物病院に行き、抗生剤と栄養剤の注射を2本打ってもらいましたが、「食欲がないなら、もう長くないだろう」と言われたそうです。

その後は寝たきりになり、亡くなる数時間前に水を飲ませたのが末期の水に。

「明け方に、ほとんど苦しまず、眠るように亡くなりました。息が苦しそうでもなく、痙攣もなく、本当に静かな最期でした」

今は未だ亡くなってからあまり時間が経っていないので、たまに家の中にいるように錯覚してしまったり、もう1頭の猫ドラミちゃんを「グレ」と呼んでしまったり。ときどき、ご主人と一緒に「グレ、寂しいよ〜」と呼びかけているそうです。

第5章

最期を看取る

愛猫の最期の日は、できるだけ心穏やかに迎えたい。
そうして、その日が来たら、大切な家族をどのように弔えば良いのでしょう。
さらにその後の喪失感と寂しさへの向き合い方について。
猫と家族のお互いが幸せに思えるように、
後悔しない向き合い方を見つけたいものです。

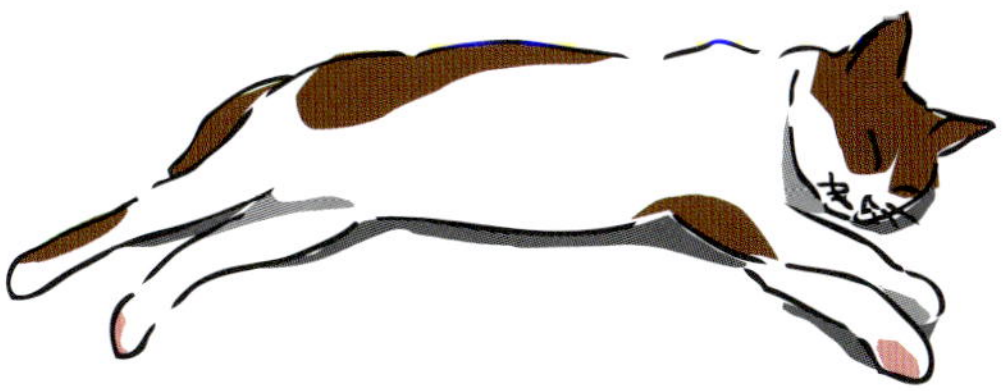

41

お別れを覚悟したときにできること

さまざまな治療を続け、入院、通院を繰り返していても、獣医師に「もう余命は数日かもしれません」「食べなくなったら、厳しいでしょう」と言われたら。家族は最後の決断をする必要があります。

もう長くないと思ったら、最後の決断をする時期

このまま治療、入院を続けるのか、それとも家で穏やかにそのときを待つのか。また、痛みを緩和するために何かするのか、それとも自然に任せるのか。こういった選択がいずれは必要になってきます。

どのように決めたらどういうことが考えられるのか、獣医師の話を聞いてよく相談し、愛猫にいちばん良いだろうと思える方法を選びましょう。

例えば、家に連れて帰ったときに苦しみだしたどういう処置ができるのか、獣医師が往診してくれるのか、電話で指示がもらえるのかなど、かかりつけの獣医師としっかり相談しましょう。

また、家族が昼間は全員留守にするなど、家庭の事情もあるでしょうから、家で看取るということが叶わない場合もあります。そういうときは、動物病院に預けるなど、できる範囲で対応しましょう。

命の終わりのサインを見逃さずに見守る

命の終わりが近づいているサインには、次のようなことがあります。

・意識が弱くなる

名前を呼んでも反応しない、目を開けないなど意識がないような様子なら、呼吸や心臓の動きなどに注意し、猫の身体や頭を撫でながらじっと見守ってください。

・口を開けて呼吸する

開口呼吸になっていたら要注意です。呼吸が浅くて速い、あるいは逆に深くてゆっくりという場合は、あと残りの時間はあまりないかもしれません。側にいて様子を見ましょう。

・心臓の鼓動の音が弱くなっていたり、ゆっくりしている

心臓は猫の左胸辺りに耳を当てて鼓動を聞きます。心音が弱い、あるいはゆっくりしてきたら最期は近いでしょう。ちなみに猫の心拍数は1分間で140～220回です。臨終間際になると多くの場合、鼓動はゆっくりになります。

・亡くなる直前には嘔吐することも

最期を迎えるまでに、さまざまな状態が起きてきます。できる限り側で見守り、身体を撫でたり、名前を呼んであげましょう。

■もう治療を止める時期か、看取りをどこでするか最後の決断を。

■意識がない、また心臓の音が弱くなったら、看取りの時期が近づいています。

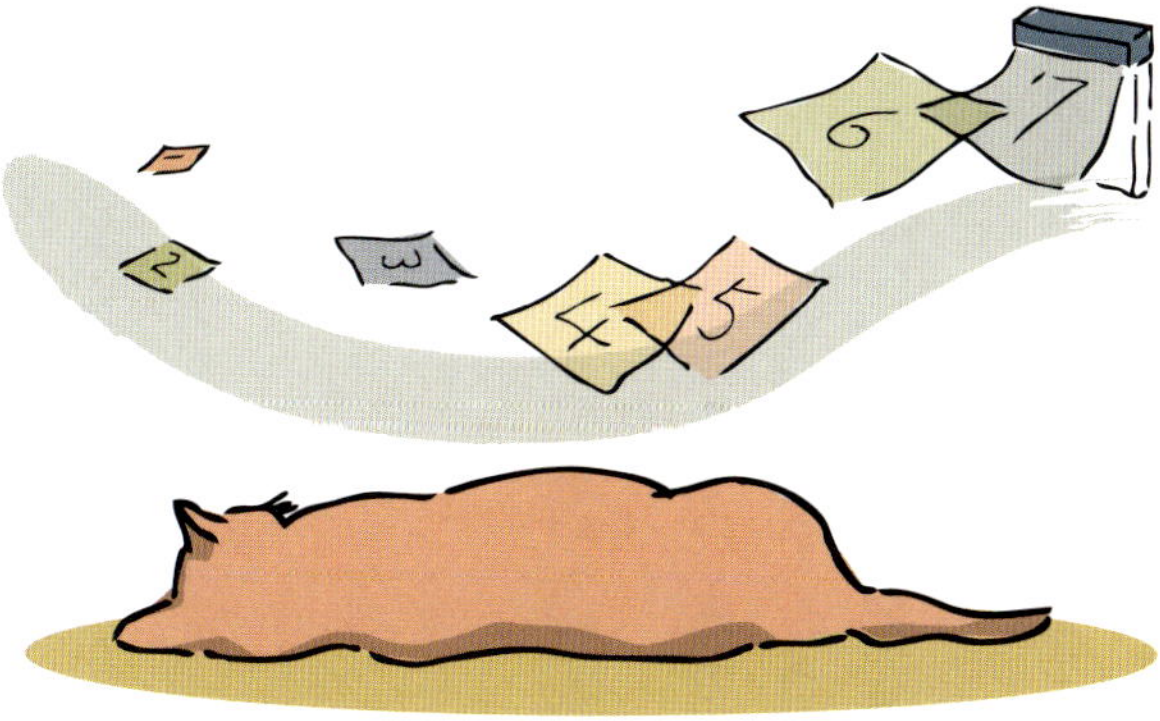

猫の治療については、獣医師とよく話し合いましょう

42

自宅で看取り、きちんと見送ろう

愛猫の病気が進行し、症状が深刻化していったら、獣医師に今後はどんな経過を辿るのか、話を聞いておきましょう。そうすれば、多少想定外のことが起きても、冷静に対応することができます。

自宅で看取ると決めたら、心の準備をしておく

獣医師は、これまでの経験からある程度、今後の状況が予測できるので、それをもとに事前にアドバイスを受けましょう。例えば、これから痙攣が起きやすい、嘔吐しやすいので注意が必要など。的確な注意点を聞いておくことで、家で猫を見ているときに何か起きても比較的慌てずに対処できるからです。

猫の最期を看取った人は何かしら「あのとき、こうしていれば」と思うことがあるでしょう。しかし、どれを選択したとしても後悔することは出てきます。そのときの決断がベストとは言い切れなくても愛猫を思って決めたことです。愛猫もきっと納得しているでしょう。

優しく撫で、側にいることがいちばん

家で看取ると決めたら、通院や治療などの猫にとってのストレスをできるだけなくして、静かに家で過ごさせます。

・**布団や毛布などを敷いて柔らかなベッドをつくり、その上にペットシーツを重ねて猫の身体を寝かせ**

る

猫が苦しそうにしていないなら、腕枕をしても良いでしょう。時間が許すようなら、添い寝をしても良いかもしれません。

・ときどき向きを変えながら、失禁していたらペットシーツを交換

身体が濡れたり汚れたりしていたら、温かいぬれタオルなどで拭いて、その後に乾いたタオルで重ねて拭いて清潔にします。

・食事を受け付けなくなっていたら、無理しない

水は、もし受け付けるなら、シリンジなどに入れて口のところに持っていき、口の中を湿らせる程度でも良いでしょう。

・そのほかは撫でるだけ、話しかけるだけ、側にいるだけで、そっとしておきましょう。

愛猫はこれから独りでこの世から旅立とうとしているところです。その姿を見ながら、長い間家族として一緒に過ごせたことに感謝して見守りましょう。

■猫の側にいて、静かにケアしたり、撫でたりして時間を過ごします。

■獣医師に起こりうる状況を聞いておくと冷静に対応できるでしょう。

みんなが側にいるのが、猫にとってもやすらぎに

43

心静かにそのときを迎えましょう

何も食べない、水も飲まない、意識もなさそう。命が尽きるまでには、いろいろな波がやってきます。それはどの猫も同じではありません。

どんなことが起きても静かに見届ける

命が終わるまでに、いろいろなことが起きますが、猫の生命力や体力によって違ってきます。そういう変化の波に、一喜一憂せず、かといって「もう仕方ないから」とネガティブな気持ちならず、目の前のあるがままの事実を受け止め、受け入れましょう。

苦しそうにすることもあるかもしれません、急に鳴き声をだすかもしれません。

それもこれもその猫が一生を終えるときの姿ですから、尊敬と感謝を持って静かに見届けましょう。

最期の兆しを感じて、腕の中で看取る

猫を看取った人の中には「自分の腕の中で旅立ったから良かった」と言う人が多いです。どんな状態でも猫の死に対しては何かしら「こうすれば良かった」「あのときの対応は良かったのか」と言った意見が聞かれます。そういう中では、側で猫を

見送れるのは、もしかすると後悔が少ないのかもしれません。

もし腕の中で看取りたいと思うのなら、最期の兆候に敏感になりましょう。

・口をあけて呼吸している
・呼吸が浅くて速い、または深くてゆっくりしている
・心臓の鼓動がゆっくりになってきた

などの兆しが現れたら、抱っこしたり、側についていましょう。最期になると痙攣したりすることもありますが、しっかりと膝の上で身体を支え、抱いていましょう。まるでそれを待っていたように息を引き取ったという話をよく聞きます。

それ以外にも、猫の最期に関してはさまざまなエピソードがあります。例えば、急な外出で出かけ、危篤状態だから帰ってくるまで持たないと思っていたのに帰宅するまで待っていてくれた。家族全員が帰ってくるまで持ちこたえて、みんなに看取られながら亡くなったなど…。これも、今までの家族としての絆があればこそなのかもしれません。

■死を迎えるまでにはいろいろなことが起きますが、冷静に見守りましょう。
■腕の中で看取るのは後悔の少ない見送り方のひとつ。

腕の中で猫を看取れるのは、悲しいけれど幸せなとき

44

お別れの準備は思いを込めて

ある猫は荒い呼吸が穏やかになって止まる。ある猫は痙攣していたのが静かになる。またある猫は、眠るように穏やかな状態になる。いろいろなケースがありますが、すべての生き物は呼吸と心臓が止まり、やがて臨終を迎えます。

まだ温もりがあるうちに、亡骸をきれいにする

猫が息を引き取ったら、辛いことかもしれませんが、早いうちに亡骸をきれいにしましょう。まだ温もりのあるうちに、目や口が開いたままなら閉じさせる、顔のまわりがヨダレや吐瀉物で汚れていたら、濡れタオルなどで拭き取りましょう。

亡くなった時点で失禁している場合があるので、敷いてあったペットシーツを取り替え、お尻回りの汚れがあったら濡れタオルなどで拭き取ります。できれば、お腹などを優しく押さえてお腹の中に残っているものを出しましょう。難しければ、しなくても構いません。しばらくの間は、鼻や肛門から体液が出ることがありますので、ペットシーツは忘れずに敷くようにします。

毛が乱れていたら、ブラシやクシで梳かし、毛並みを整えます。爪も伸びていたら切って整え、できるだけきれいな姿で旅立てるようにしてあげましょう。

場合によっては棺を用意する

・亡骸は、ペットシーツを敷いた柔

らかなベッドに寝かす

・遺体の腐敗を防ぐために、季節によっては身体の上（特に内臓のある腹部）に保冷剤かドライアイスを乗せて、その上からタオルをかける（愛猫がいつも使っていたバスタオルなどがあれば、そちらが良いでしょう）

・猫の遺体を置いておく部屋の温度は低めに設定する

遺体の葬り方によって棺が必要な場合は、紙や木の箱を利用しても良いでしょう。適当なサイズの段ボール箱などを使うのも方法です。いずれにしても、燃える素材でフタができるものを用意します。インターネットなどで動物用の棺も販売されているので、買い求めても良いかもしれません。

　棺が用意できたら、死後硬直が始まる死後2時間以内くらいに脚を揃え、状態を整えて棺に寝かせます。

　棺の中にお花を入れたり、好きだったフードやおやつ、よく遊んでいたオモチャなど、愛猫のために購入したものなどを一緒に入れても心が慰められます。家族で猫を囲んで、元気な頃の愛猫の思い出話をしたり、お通夜をしたり、家族で最も良いと思われる見送りの方法を考えてください。ただし、早めに見送り方を決めて、遺体を家に置くのは2日程度が限度と考えてください。

■亡骸は亡くなって2時間以内くらいにきれいにしましょう。

■遺体を家に置くのは、2日程度にしましょう。

棺の中にお花や思い出のものを一緒に入れて見送りを

45

亡骸の葬り方を考えましょう ①

死後2日ほど経ったら、遺体を葬る方法を決めましょう。人間の葬儀とは違い社会的なルールもなく、「こうしなくてはいけない」という規則のようなものはありませんから、家族がいちばん望む方法を選んでください。

家族で遺体の葬り方は自由に決める

家族みんなが納得できるような葬り方を決めれば良いでしょう。できれば、愛情あふれる供養をしたいものです。とはいえ特別なことは必要はありません。どんな形で葬ったとしても、家族だった時間に対する感謝の思いと慈しむ気持ちがあれば良いのです。

庭に埋葬すればずっと一緒にいられる

庭があるお家ならば、長い時間一緒に暮らした自宅の庭に家族みんなで葬ってあげるのも良いでしょう。これなら費用もかかりませんし、愛猫がいつも身近に感じていられます。

〈土葬にする場合〉

①あまり人が踏み荒らさないような場所（例えば木の植わった下など、人が足を踏み入れる心配があまりないところ）を選びます。

②穴はなるべく深い、50㎝以上の深さの穴を掘ってください。浅すぎると死臭がしたり、何かのはずみで掘

り起こされたりする可能性があります。

③猫の遺体は、段ボール箱や自然素材の籐カゴなどにタオルや毛布などを敷いてそっと寝かせます。このときに、いつまでも土に還れなくなってしまうので、プラスチック容器やビニール袋などは使用しないようにします。埋められた遺体は、土に還れば土壌の栄養分となり、他の植物や動物の一部として循環することができるのです。

④穴を掘ったら、遺体をそっと穴の底に置いて上から土をかけます。少しこんもり土を盛り上げて、目印になるようにすると良いでしょう。

⑤墓標として、石や植木、花などを植えたり、手づくりの木の墓標をつくり、そこに猫がしていた首輪やオモチャなど思い出の品を添えても良いでしょう。

なお、火葬でお骨にし、庭に埋める場合は、土葬ほど深い穴は必要ありません。しかし、うっかり掘り起こして遺骨が出てきてしまわないように、全部が埋まるくらいの穴を掘り、土葬と同じように上から土をかけます。この場合もビニール袋などにお骨を入れるのではなく、骨壺などに入れたまま埋めましょう。

墓標を立て、好きだったものをお供えしても

■死後2日くらい経ったら、葬り方を家族で決めましょう。

■自宅の庭に埋められるなら、50㎝以上の深めの穴を掘って、埋葬します。

46

亡骸の葬り方を考えましょう ②

自宅の庭に埋められない場合は、ペット霊園に依頼する、自治体に依頼するなどの方法が一般的です。それぞれの事情に合わせて、亡き愛猫を悼むことができる適切なものを選びます。

さまざまな葬儀のタイプがあるペット霊園

葬儀をしたいという場合、ペット霊園を利用するという方法があります。ペット霊園にもいろいろありますが、自宅まで遺体を引取りにきてくれて、火葬、埋葬、供養までしてくれるところや、火葬だけ、埋葬だけというところもあります。ペット霊園では、次のように葬儀のタイプが分かれていることが多いようです。

〈合同葬〉

他のペットたちと一緒に火葬するため、火葬、骨を拾う、納骨の立会はできません。火葬の後は、霊園側でまとめて合同供養塔に埋葬するので、遺骨を持ち帰ることもできません。お盆やお彼岸には合同慰霊祭などもあります。

〈個別葬〉

1頭ずつ個別に火葬するので、手元に遺骨を引き取ることができます。ただし、立会いはないので、骨を拾うことはできません。骨壺に入れて返してくれるのが一般的です。遺骨が帰ってきたら、その後は自宅に置いても、霊園に納骨しても自由です。また、遺骨は届けてもらうこともできます。

〈立ち会い葬〉

1頭ずつ個別に火葬をし、その場に立ち会えます。人の場合と同じように骨を拾うこともできます。この場合は、紙製や木製の棺に入れるか、現地まで猫を抱いて行ってください。ペット霊園によってそれぞれ異なるので、事前に確認を。

〈移動火葬車〉

ペット霊園が遠い、でも立ち会いたいという場合には、移動火葬車を利用するという方法があります。これは火葬できる設備を乗せた車が自宅前まで来て火葬してくれるもので、無煙、無臭で火葬車とは分からないので、ご近所に迷惑をかける心配はありません。家から少し離れた場所で火葬することもできます。インターネットやタウンページで探して、詳細を問い合わせてください。

自治体に依頼するなら、平日に問い合わせを

市や区など、居住する自治体に依頼して、遺体を引き取ってもらうこともできます。料金はだいたい2千~3千円くらいが目安ですが、自治体によって異なります。単にペットの遺体を引き取って廃棄物として焼却する場合や亡くなったペットを集めて火葬する場合など、自治体によりさまざまですから、お住まいの自治体に確認してください。ただ、週末や年末年始は対応しないので、注意が必要です。

- ■どんな風に見送りたいかを考えて、最適のものを選びましょう。
- ■自治体に依頼する場合、お住まいの自治体で対応が違うので事前に確認を。

大切な愛猫の亡骸は心をこめて見送りたいもの

47

お骨をどうするか、ゆっくり納得がいくまで考えて

合同葬を選ばなかった猫の遺骨は手元に帰ってきます。その後はずっと手元に置いても構わないのですが、今後どうしたいか、先のことも考えた方が良いでしょう。

遺骨の先行きはじっくり考える

例えば、シニアや高齢の人は、自分が亡くなった後、猫の遺骨はどうするのか。独り暮らしの人は、今後、結婚などで家族が増えたときにも遺骨を持っているのか。そう考えると、大切な愛猫のお骨をどうしたらいいのか、きちんと先行きを考えたいものです。もちろん、まだ亡くなって時間が経っていないのに、そんなことは考えられないと思う人もいるでしょう。だから今すぐに決めなくても良いのです。ただ、いずれどうするかを選ばないといけないことは事実。心が落ち着くまで待って、ゆっくりと決めましょう。

お花と一緒に自宅に置いて、
ゆっくり先行きを考えましょう

ペット霊園の合同納骨堂に納める

ペット霊園では、犬や猫のお骨を納める納骨堂を設置しているところもあります。そういう施設に納めると、行きたいときにお墓参りができます。人間の場合と同じで、納骨時の費用や毎年の使用料が必要になります。さらにお金を払って、永代供養に切り替えることもできます。

■自分のお墓に一緒に入る

霊園や寺院によっては、人と一緒に入れるお墓を設けているところもあります。人の墓石にペットの名前を刻む場合や、同じエリア内にペット用の墓を別に建立するところも。

■プランターや庭に樹木葬

遺骨を粉砕して土と混ぜ、その土を庭の土に混ぜたり、プランターに入れて、そこに木や草木を植えます。毎年、きれいな花が咲くものが愛猫への思い出をよみがえらせてくれます。

■散骨

最近はペットの散骨もできる葬儀社が増えています。希望する海や山、空からの散骨もあります。

■遺骨でダイヤモンドをつくる

遺骨から炭素を抽出してダイヤモンドをつくるという方法があります。できたダイヤモンドをネックレスや指輪にして身につけ、自分が亡くなるとき、棺に一緒に入れることもできます。

愛猫と日々を思って、遺骨をどうするか決めたいもの

■戻ってきた遺骨をどうするかは、落ち着いてから決めましょう。

■お骨の対処方法はいくつもあるので、よく考えて選びましょう。

48

愛猫を偲んで、気持ちを整理したい

猫が亡くなった直後は、遺体の葬り方を考えたり、動物病院への報告など、いろいろとすべきことがあって気も張っています。しかし、一通りの見送りが終わったら、愛猫のいない現実と悲しい気持ちなどが押し寄せてきます。

猫のいない喪失感と向き合う

目の前に猫のいないこと、悲しみと辛い気持ちなど、去来するさまざまな思いをすべてしっかり受け止めて、きちんと向き合いましょう。亡くなってすぐは、家の中に今までいた存在が見当たらないことに慣れず、「そうか、いなくなったんだ」と改めて思い起こし、悲しみが甦ってくることもあるでしょう。しかし、一緒に時間を過ごした大切な猫との思い出は一生心に残ります。そういう意味では猫は決していなくなったのではありません。目には見えなくても、心の中に永遠に生きています。そういったことをきちんと見つめ、気持ちを整理しましょう。

愛猫の写真を整理し、心も整理する

生前にはたくさん撮った愛猫の写真。可愛い姿がたくさん保存されているデジタルカメラの中やスマートフォンのアルバム。そういう大事な画像はきちんと整理して保存したり、プリントしたりしましょう。プリントした写真で「オリジナルのアルバム」をつくっても良いでしょう。最近はデジタルブックや画像データを送ると可愛い本をつくってくれるサービスもあります。そういうものを利用して、オリジナルのアルバムやミニブックをつくるのも良いでしょう。こういうことに一生懸命になることを通して、気持ちが癒されていくでしょう。

猫の写真を飾る

元気だった頃の愛猫の写真を気に入った写真立てなどに入れて、いつも見える場所に置いておきましょう。こちらに目線を向けているもの、特別に可愛く撮れた写真ならベストです。写真を見るたびに愛猫を見つめることができ、心の中で話しかけることができます。フォトフレームを使い、画像が変わるようにするのも良いでしょう。また、最近ではきれいなクリスタルガラスに写真と文字がプリントできる位牌もオーダーメイドでつくれます。家の中のよく目につく場所や家族が集まるリビングルームなどに置いておけば、きっといつも見守ってくれるでしょう。

■落ち着いたら、愛猫の死と静かに向き合いましょう。

■写真を整理したり、アルバムをつくる、写真を飾ることが癒しの時間になります。

愛猫の写真に話しかけるのも心の浄化につながります

49

ペットロスは誰にも起こること

「ペットロス」とは、厳密に言うと死別などでペットを失うことを指します。しかし、最近ではペットを失った悲しみからなかなか立ち直れない状態のことを言います。

ペットロスは必然的に起こる心の葛藤

家族として猫と暮らした時間が長く、親密になるほどに、ペットロスの傾向は強くなっているようです。猫の寿命が人間より短いのは分かっていても、現実として受け入れられない、受け入れたくないという心の葛藤が、ペットロスを生み出しているようです。

いつまでも悲しまず、ペットロスから立ち直る

ペットロスの苦しさは、人間の家族を亡くしたときと変わらないくらい、深い悲しみと苦しさをもたらす場合があります。悲しみや苦しさに耐えきれず心身の健康を害してしまう人もいます。でも、大切に慈しんでくれた飼い主が不幸になったら猫は浮かばれません。健康を害するという不幸の原因が、猫を飼ったことになってしまうからです。愛猫のためにも元気を取り戻す必要があります。愛猫を亡くしたら悲しいのは当たり前です。気の済むまで泣きましょう。それが正常な反応なのです。でも、いつまでも悲しんでいないで、猫のためにも必ず立ち直りま

しょう。

悲しみは人に話して共有する

動物を飼ったことのない人は、「猫が死んだくらいでどうしてそんなに悲しむのか」と思う人がほとんどでしょう。ペットロスになっている人の気持ちはペットロスになったことがある人にしか分かりません。愛猫がいなくなった悲しい気持ちは、これまで猫を見送った人に話して、悲しい気持ちを聞いてもらいましょう。ブログやSNSでは、猫好きもたくさんいるので、自分のブログに書くか、SNSの猫好きのコミュニティで悲しい気持ちを書き込みましょう。悲しみを発散することで、ペットロスが癒されることもあるのです。

心療内科を受診する

悲しみが深く、自分では抱えきれない。周囲に「愛猫を亡くした」と話せる人がいない。そんな場合は心療内科を受診してみましょう。現代はいろいろな悩みを抱える人も多く、その意味では心療内科は比較的行きやすいかもしれません。専門医がきちんとケアしてくれるので、すぐには心が軽くならないかもしれませんが、有効な方法でしょう。

涙を流したり、人に話すことで心は癒されていきます

- ■ペットロスは誰にでも起こる心の葛藤。いつか必ず立ち直れます。
- ■悲しみは、共有できる人に積極的に話しましょう。気持ちが軽くなります。

50 新しい家族を迎えるのも

ペットロスの最も効果的な薬のひとつは、時間の経過です。そしてもうひとつの特効薬は、新しい猫を迎えるということ。愛猫を見送ったからと言って、再び猫と暮らすことに臆病にならない方が良いでしょう。

亡くなった愛猫に悪いと思わないで

愛した猫を失った悲しみは、猫と暮らすことを臆病にしてしまい「もうあの悲しみには耐えがたいから、猫は絶対に飼わない」「新しい猫を飼うと、亡くなった子が悲しむ」と思いがちです。また、実際の話、愛猫を亡くした後はしばらく新しい猫を迎える気力は湧かないものです。

しかし、これまで愛猫と幸せな時間を過ごしてきて、家族も幸せだったのです。また、違う猫を幸せにできる力を持っているとも言えるのではないでしょうか。悲しい別れがまた訪れると消極的にならずに、新たな猫と暮らす幸せをもう一度実感して笑顔で過ごす方が、愛猫もきっと喜んでくれるでしょう。

猫との出会いはたくさんある

ペットショップやブリーダーから迎える以外にも、動物保護団体のサイトや動物病院で新しい飼い主さんを探しているケースも多いです。

愛護団体では譲渡会を定期的に開催して、実際に猫と触れあって新しいお家を探しています。そういうところに足を運んでみれば、もしかしたらピンとくる出会いが待っているかもしれません。

大人の猫を選ぶことも視野に入れて

年配の方の中には「自分の年齢を考えると、もう猫は飼えない」と思う人もいるでしょう。確かに猫の寿命は長くなっているので、子猫を迎えると20年生きたとしたらと考えると、新しい猫を迎えることを躊躇ってしまうかもしれません。そんな場合は、大人の猫を迎えるという選択肢もあります。5歳であろうと10歳になっていようと、人馴れしている猫なら懐きますし、良い家族になれるでしょう。確かに大人の猫は病気になる可能性も高いですが、10歳で迎えても20歳まで元気に暮らし、幸せな思い出をいっぱいつくってくれるかもしれません。特に愛護団体で保護している大人の猫は行き場のない場合が多いので、そういう猫たちに幸せな時間を与えてあげてください。

子猫も大人の猫も、それぞれに愛すべき存在です

■新しい猫との暮らしをもう一度考えてみましょう。
■大人の猫でも十分良い家族になれます。検討してみましょう。

おわりに

猫を飼っている家族には一緒に暮らした猫の数だけドラマがあり、どの人もいろいろな思いや不安、そして何より猫と暮らす喜びを持って日々を過ごしています。特に猫も高齢になってくると、若い活動的だったときとは明らかに違う、いわゆる「老い」を感じることが増えてきます。動きにくくなった、寝てばかりいる、オモチャに反応しない、ごはんを前ほど喜んで食べないようになったなどなど。そして、いつかはお別れを強く意識するときがやってきます。そのときをできるだけ後悔なく迎えるために、この本にはできるだけ具体的な情報や考え方を紹介しました。

しかし、どんなに準備をして、心構えをしても、今まで側にいた存在がいなくなることは、言葉にはならない寂しさと喪失感をもたらします。それは、人によって受け

止め方が違い、ある人にとっては耐えられない苦痛になりますし、またある人は、一時は落ち込みながらも、人と話すことで癒されたり、新しい猫の家族を迎えたことで、精神的にも救われたりします。

死んでしまうのは悲しいからもう猫とは暮らさないのではなく、猫との楽しかった、豊かな思い出を大事にしてください。

そして可能であれば、また新しい家族と一緒に、別の楽しい思い出をたくさんつくっていただきたいと思います。

猫との生活は、人の心を豊かにし、優しい気持ちにしてくれます。そんな人生の宝ものが得られた幸せを、改めて考えていただけたらと思います。

猫専門病院　Tokyo　Cat　Specialists
院長　獣医　山本宗伸

愛猫健康管理ノート

大切な家族の健康状態を記入するためのノートです。

基本的な事項以外は、必要な項目を追加してあなたの愛猫に最適なノートにしてください。

年月日	体 重	体 温	排泄状態	赤血球数 (RBC)	白血球数 (WBC)	アルブミン (Alb)	血糖値 (Glu)	尿素窒素 (BUN)	クレアチニン (Cre)	総ビリルビン (Tbil)	GPT	総コレステロール (Tcho)						